Schmidthausen
Prause

Beschaffungsprozesse planen, steuern und kontrollieren

Merkur
Verlag Rinteln

Verfasser:
Michael Schmidthausen, Oberstudienrat in Duisburg
Petra Prause, Dipl.-Hdl. und Oberstudienrätin in Duisburg

* * * * *

3., überarb. Auflage 2009
© 2005 by Merkur Verlag Rinteln

Gesamtherstellung:
Merkur Verlag Rinteln Hutkap GmbH & Co. KG, 31735 Rinteln
E-Mail: info@merkur-verlag.de
             lehrer-service@merkur-verlag.de
Internet: www.merkur-verlag.de

ISBN 978-3-8120-**1020-7**

Vorwort der Autoren

Die neueren Lehrpläne für die berufliche Bildung im Allgemeinen sowie der Rahmenlehrplan für Industriekaufleute im Besonderen sind in erster Linie durch eine didaktisch-methodische Akzentverschiebung von der Fächerorientierung hin zur Lernfeld-/Lernsituationsorientierung gekennzeichnet. Um dem hohen Anspruch des Lernfeldkonzeptes gerecht zu werden, vermitteln wir in diesem Band die Lerninhalte des Lernfeldes 6 „Beschaffungsprozesse planen, steuern und kontrollieren" des Rahmenlehrplans für Industriekaufleute in Form von Lernsituationen.

So können die Schülerinnen und Schüler anhand von 19 Lernsituationen die Planung, Steuerung und Kontrolle des gesamten Beschaffungsprozesses in einem Industriebetrieb unmittelbar nachvollziehen und selbst „erleben". Die Lernsituationen beziehen sich dabei auf das in der Lernsituation 01 vorgestellte Modellunternehmen, die BüroTec GmbH.

Um dem Gedanken der Prozessorientierung gerecht zu werden, sollten die Lernsituationen im Idealfall Stück für Stück in der von uns intendierten Reihenfolge durchgearbeitet werden. Jede Lernsituation „funktioniert" jedoch in der Regel auch für sich genommen, sodass sie bei Bedarf auch punktuell eingesetzt werden können.

Die Lernsituationen beginnen jeweils mit einem situationsbezogenen und in der Regel problemorientierten Einstieg. Angeleitet durch die darauf folgenden Arbeits-aufträge sollen die Schüler zunächst das vorgegebene Problem selbstständig lösen und schließlich zu einer vertiefenden Auseinandersetzung mit dem jeweiligen (Teil-)Geschäftsprozess gelangen. Hierfür wird anschauliches und praxisnahes Informationsmaterial zur Verfügung gestellt, was zudem den Umgang mit Informationsquellen trainiert.

Um möglichst weitgehende Realitätsnähe abzubilden, wurden auch rechtliche und buchhalterische Aspekte in die Lernsituation integriert.

Ein hervorgehobenes Ziel ist es bei der Erstellung dieses Bandes gewesen, sowohl methodische Vielseitigkeit (z.B. Einübungen von Präsentationen, Rollenspiele, Mindmapping, Anfertigung ereignisorientierter Prozessketten, Erstellen von Geschäftsbriefen) als auch den Bezug zu den prüfungsrelevanten Inhalten des jeweiligen Lernbereichs zu gewährleisten. Die Entscheidung, ob die Lernsituationen in Einzel-, Partner- oder Gruppenarbeit bearbeitet werden, wollen wir jedem Lehrer selbst überlassen.

Für die freundliche Überlassung des Bildmaterials in Lernsituation 02 gilt unser ausdrücklicher Dank der Linak GmbH in Nidda.

Duisburg im Frühjahr 2009   Michael Schmidthausen
                                             Petra Prause

Inhalt

📖 Lernsituation:

Die BüroTec GmbH, ein mittelständisches Unternehmen am Niederrhein, produziert moderne Büromöbel. Der Firmensitz befindet sich in Moers in der Anglerstraße 34. Er ist in der Nähe der Autobahn A42 an der Abfahrt Moers-Repelen gelegen. Die BüroTec GmbH wendet sich mit ihren Produkten an Unternehmen sämtlicher Branchen. Privatpersonen zählen bislang nicht zu der anvisierten Zielgruppe. Der Vertrieb der Büromöbel erfolgt auf direktem Absatzweg durch die Abteilung Auftragsbearbeitung sowie durch mehrere Reisende an die Endverwender in ganz

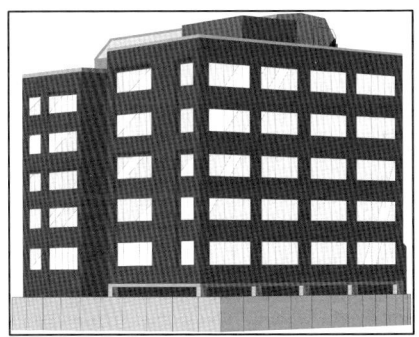

Deutschland. Die BüroTec GmbH verzichtet seit einigen Jahren auf einen eigenen Fuhrpark. Bei Bedarf arbeitet sie mit einem Speditionsunternehmen zusammen.

Das derzeitige Produktionsprogramm umfasst drei Produktfelder. Innerhalb eines Produktfelds sind verschiedene Modelle erhältlich.

Produktfeld I: Schreibtische
Produktfeld II: Bürostühle
Produktfeld III: Büroschränke

Die BüroTec GmbH ist seit mehreren Jahren auf dem Markt für Büromöbel eingeführt und behauptet sich dort relativ erfolgreich gegen mehrere Wettbewerber. Hervorgegangen ist die BüroTec GmbH aus der von Moritz Schmidt 1980 gegründeten Moritz Schmidt Möbelfabrik, die sich mit der Produktion von Möbeln aller Art beschäftigte. 10 Jahre später, im Jahre 1990, entschloss sich Moritz Schmidt dazu, sich mit Michael Schneider und Petra Peters zusammenzutun und sein Unternehmen in eine GmbH umzuwandeln.

Gemeinsam kamen die drei Gesellschafter zu der Entscheidung, sich fortan auf die Produktion von Büromöbeln zu spezialisieren. Die Produkte werden nach Kundenauftrag gefertigt. Dabei handelt es sich überwiegend um Serienprodukte. Wenn vom Kunden gewünscht, werden auch Spezialanfertigungen hergestellt.

Die Zahl der Mitarbeiter hat in den vergangenen Jahren aufgrund der positiven Geschäftsentwicklung stetig zugenommen. Zurzeit sind 150 Mitarbeiter bei der BüroTec GmbH beschäftigt.

Die BüroTec GmbH ist gemäß dem Einliniensystem aufgebaut. Die Geschäftsführung wird von den drei Gesellschaftern gemeinsam wahrgenommen. Der Geschäftsführung unterstehen die zwei Bereichsleiter. Diese sind den Abteilungsleitern ihrer Bereiche gegenüber weisungsbefugt, die wiederum nur ihren Mitarbeitern Weisungen erteilen dürfen.

Firmenanschrift

BüroTec GmbH
Anglerstraße 34
47444 Moers

Telefon, Telefax & E-Mail

Telefon: 02841 283-0
Telefax: 02841 283-1
E-Mail: info@BüroTec.de

Bankverbindung

Sparkasse Moers
Kto. 369990894
BLZ 350 500 00
Postbank Moers
Kto. 734899329
BLZ 350 400 00

Das nachfolgende Organigramm verdeutlicht die Aufbauorganisation der BüroTec GmbH.

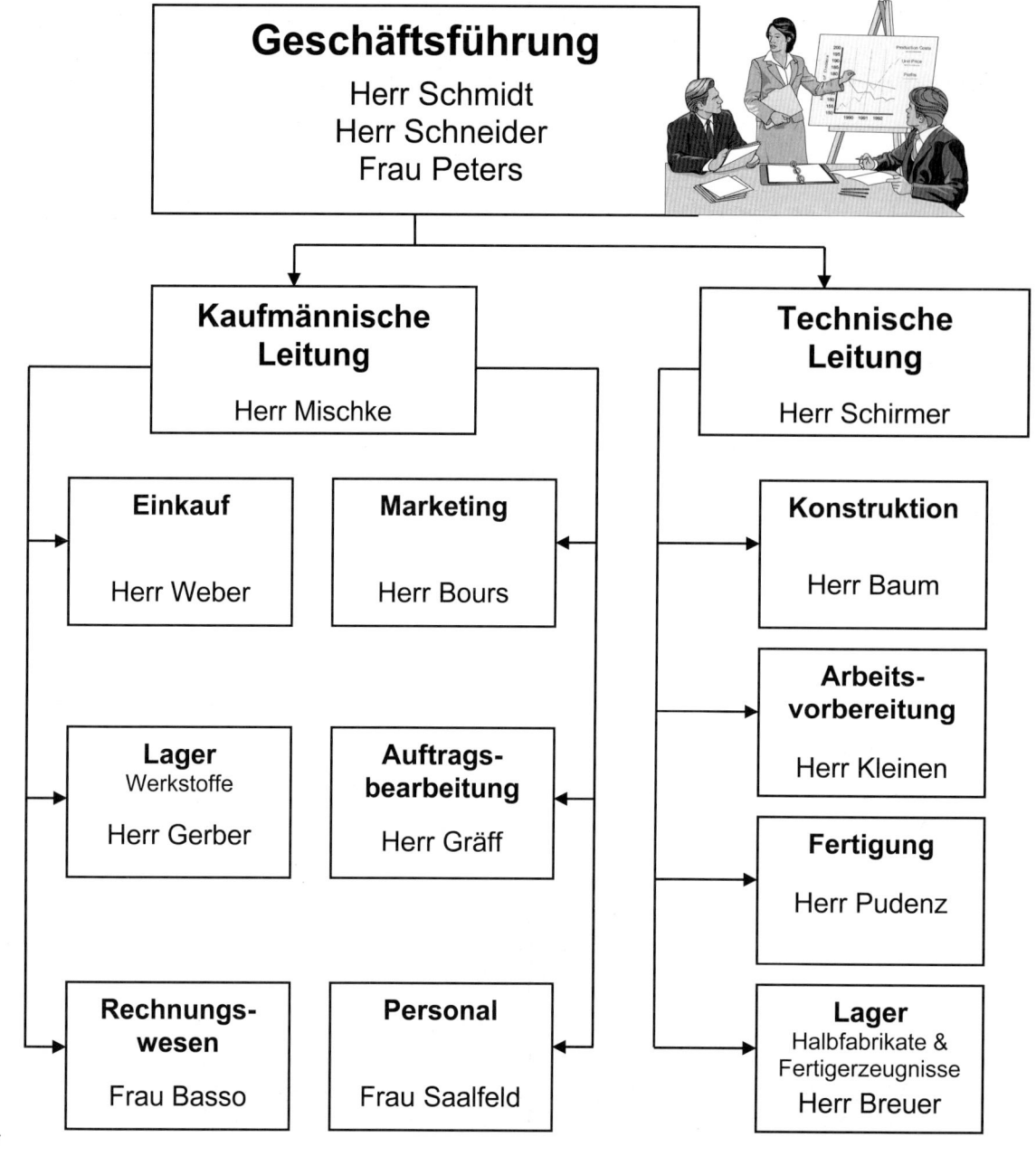

✎ **Arbeitsaufträge:**

1. Verschaffen Sie sich einen Überblick über die BüroTec GmbH. Nutzen Sie hierzu das Auswertungsformular (Info 1).

2. Nehmen Sie an, Sie sind als Einkaufssachbearbeiter/in bei der BüroTec GmbH eingestellt worden. Welche Tätigkeiten fallen in den beiden Abteilungen Einkauf und Lager an? Nutzen Sie hierzu die vorgegebene Struktur (Info 2).

3. Die beiden Abteilungen Einkauf und Lager sind dem Bereich Beschaffung bzw. der Materialwirtschaft zuzuordnen. Welche Ziele werden durch die in Arbeitsauftrag 2 genannten Beschaffungsaktivitäten verfolgt?

4. Die König AG, Wettbewerber der BüroTec GmbH mit mehr als 2000 Mitarbeitern, produziert an drei Standorten, verteilt in ganz Deutschland. Die für die Produktion der Büromöbel benötigten Werkstoffe werden für alle drei Standorte zentral von Köln aus beschafft (Schaubild 1). Die Zulieferer liefern dann direkt an die anfordernden Werke. Andere Unternehmen wiederum bevorzugen die dezentrale Beschaffung (Schaubild 2).

Welche Vor- und Nachteile sprechen für bzw. gegen die beiden grundsätzlichen Organisationsformen?

Formen	Zentrale Beschaffung	Dezentrale Beschaffung
Pro		
Contra		

Schaubild 1: Zentrale Beschaffung

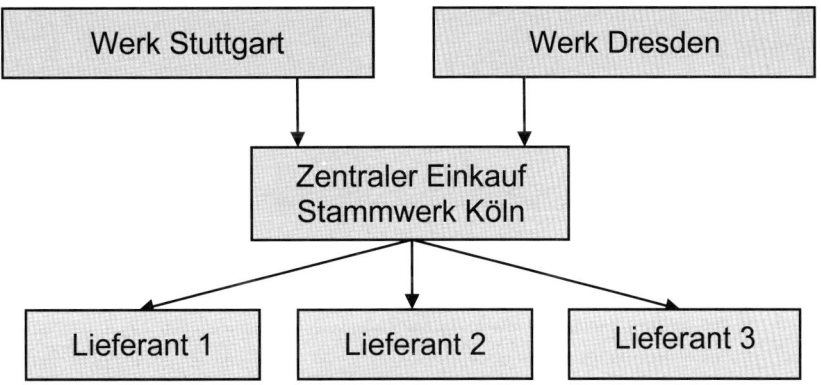

Schaubild 2: Dezentrale Beschaffung

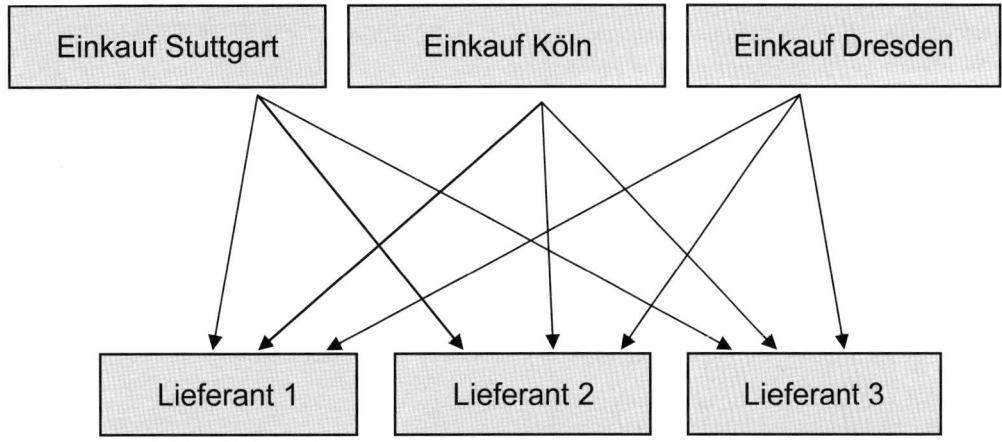

Info 1: Auswertungsformular

 **BüroTec GmbH**

1. Unternehmensart: _____

2. Branche: _____

3. Produktionsprogramm: _____

_____

4. Gesellschaftsform
   (Rechtsform): _____

5. Gesellschafter: _____

_____

_____

6. Gründungsjahr: _____

7. Hervorgegangen aus: _____

8. Standort: _____

9. Verkaufsgebiet: _____

10. Vertriebsweg: _____

11. Kundenzielgruppe: _____

12. Fertigung: _____

_____

13. Zahl der Mitarbeiter: _____

14. Aufbauorganisation: _____

Info 2: Struktur „Tätigkeiten in den Abteilungen Einkauf & Lager"

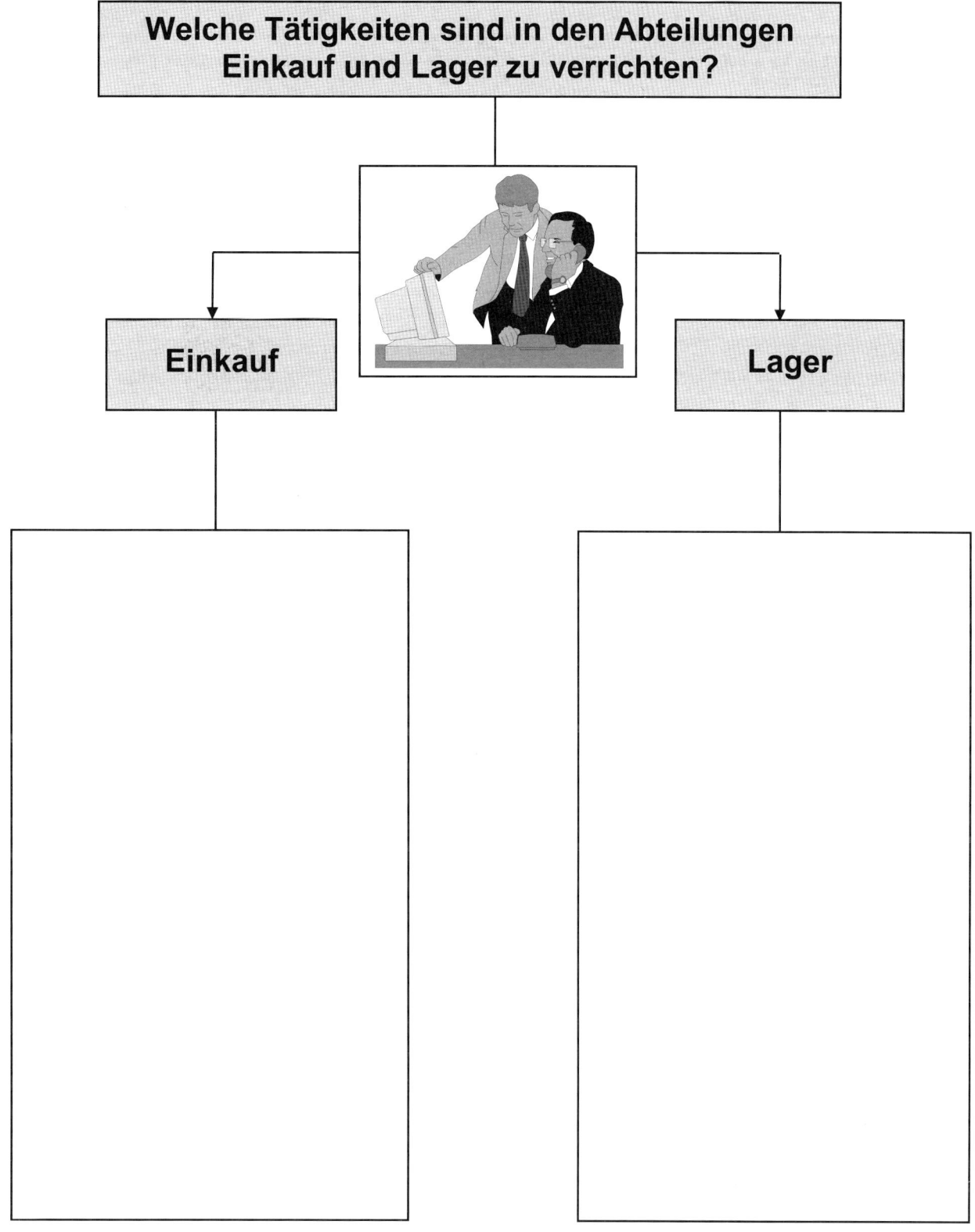

📖 **Lernsituation (Teil A):**

Um den ergonomischen Anforderungen an moderne Büroarbeitsplätze gerecht zu werden und damit die eigene Wettbewerbssituation zu verbessern, hat sich die Geschäftsführung der BüroTec GmbH nach reiflicher Überlegung entschieden, einen höhen-verstellbaren Sitz-/Steharbeitsplatz in das Absatz-programm aufzunehmen. Laut Marktforschungs-ergebnissen besteht die Hoffnung, bei einem Bruttoverkaufspreis von 1.250,00 € je Stück jährlich insgesamt 2.000 Einheiten absetzen zu können,

Tendenz steigend. Die BüroTec GmbH hat sich entschieden, sämtliche Werkstoffe in den benötigten Abmessungen fremdzubeziehen. Die Lackierung einzelner Metallteile sowie die Endmontage sollen im Hause BüroTec stattfinden. Herr Baum, Leiter der Abteilung Konstruktion & Arbeitsvorbereitung, hat die Zeichnungen sowie den strukturellen Aufbau des Sitz-/Steharbeitsplatzes an den Einkaufsleiter Herrn Weber weitergegeben. Herr Weber bittet seinen Mitarbeiter Herrn Droste, im Rahmen der Materialdisposition zu ermitteln, wie viele Teile bei der geplanten jährlichen Produktionsmenge benötigt werden.

✎ **Arbeitsaufträge:**

1. Vervollständigen Sie die Mengenübersichtsstückliste und ermitteln Sie, wie viele Einheiten bei der geplanten Produktionsmenge benötigt werden (Bruttosekundärbedarf).

Mengenübersichtsstückliste

Bezeichnung: Sitz-/Steharbeitsplatz
Teile-Nr.: 480 100

Teile-Nr.	Bezeichnung	Menge
480 200	Untergestell	
480 120	Arbeitsplatte	
480 130	Schrauben	
480 140	Winkel	
480 150	Steuerung	
480 111	Seitengestell	
480 112	Hubsäule mit Motor	
480 113	Fußelement	
480 114	Fußteil	
480 115	Abdeckung	
480 116	Stabilisierung	
480 117	Traverse	
480 118	Beschlag	
480 119	Schrauben	
480 151	Kontrollbox	
480 152	Schalter	
480 153	Kabel	

Bruttosekundärbedarf bei einer geplanten Produktionsmenge von jährlich _____ Einheiten

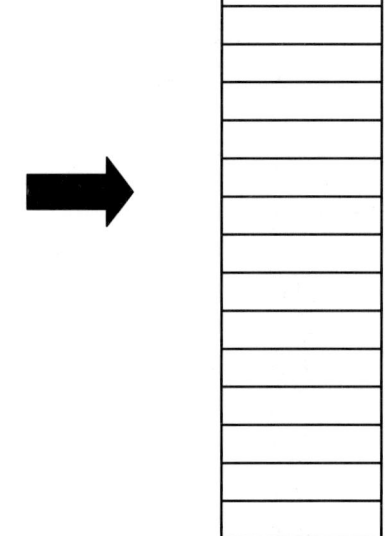

2. Aus welchen Gründen könnte die BüroTec GmbH entschieden haben, die benötigten Werkstoffe fremdzubeziehen?

Info 1: Erzeugnisstruktur

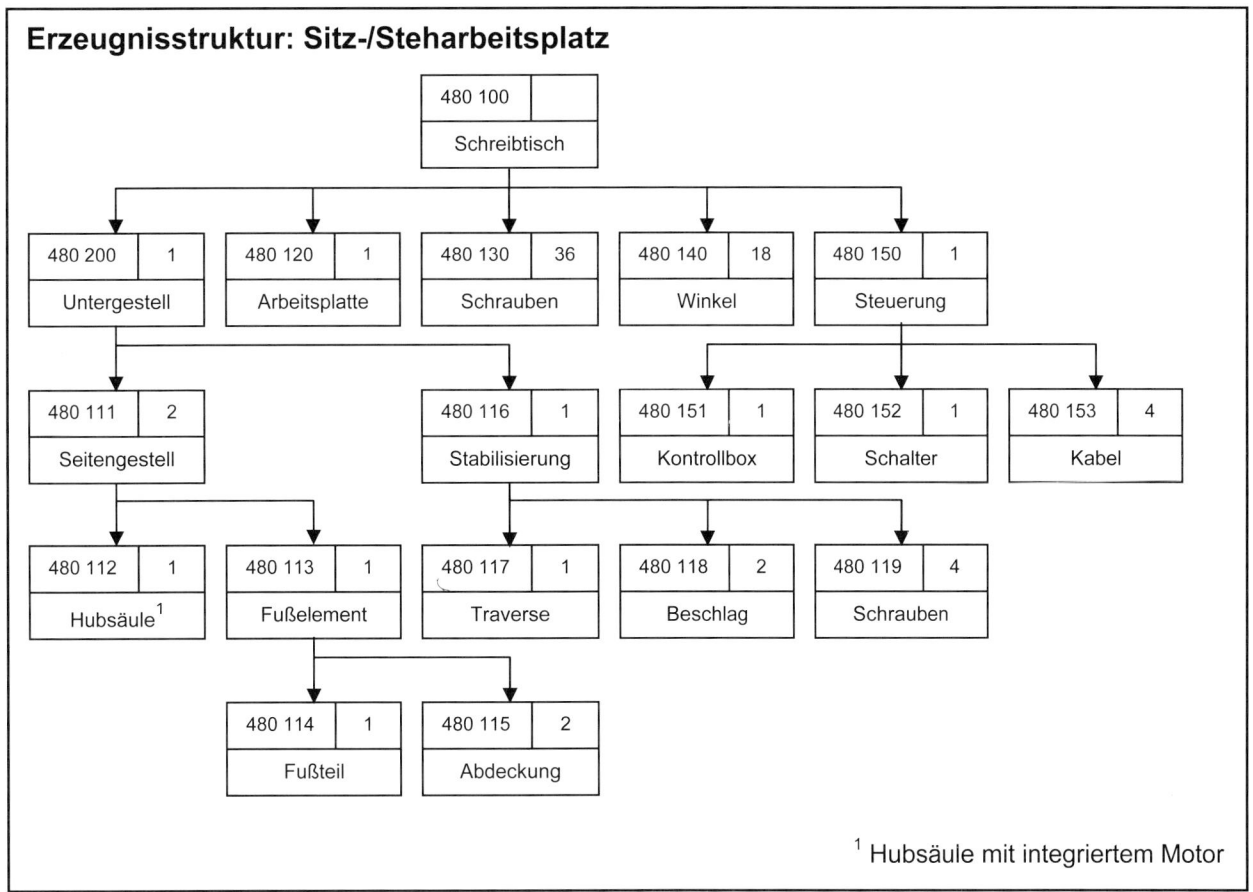

Erzeugnisstruktur: Sitz-/Steharbeitsplatz

[1] Hubsäule mit integriertem Motor

Info 2: Zeichnungen

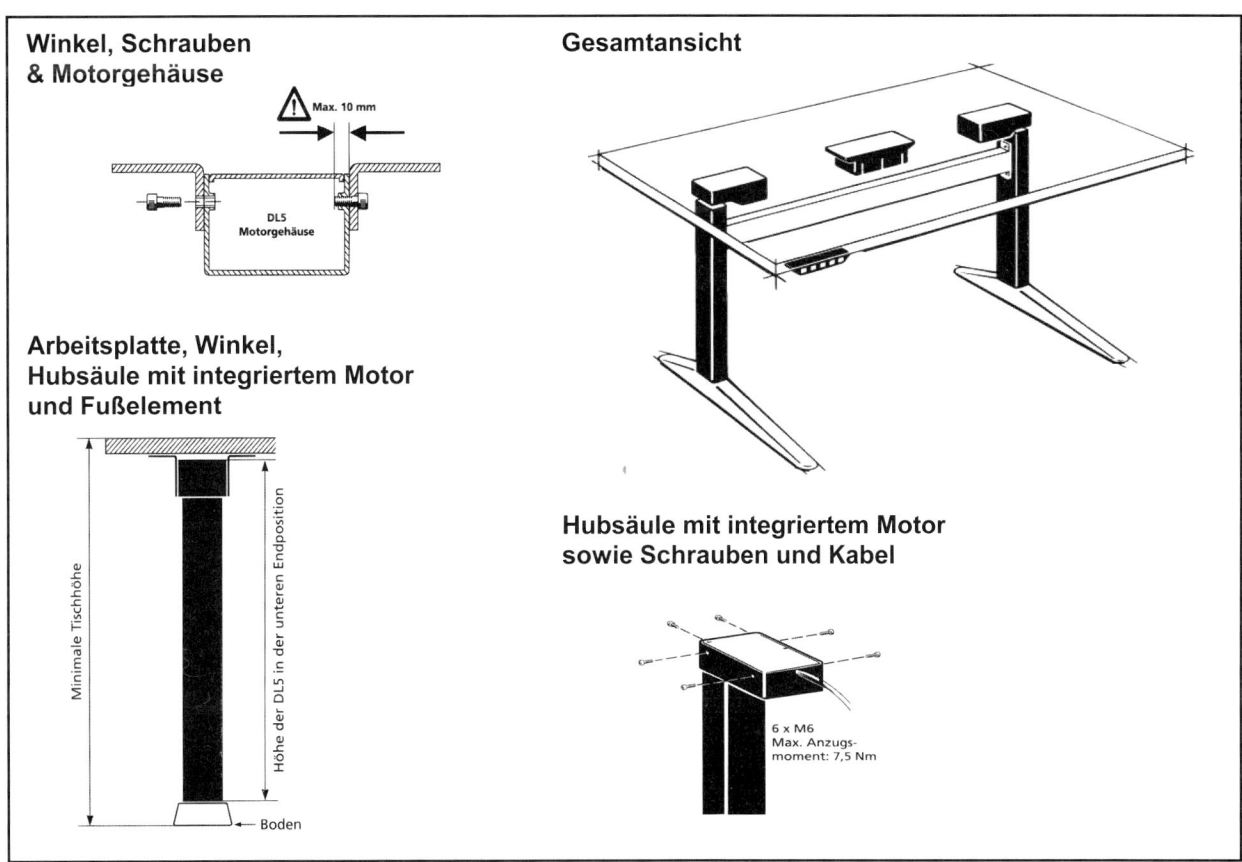

Winkel, Schrauben & Motorgehäuse

Max. 10 mm

DL5 Motorgehäuse

Gesamtansicht

Arbeitsplatte, Winkel, Hubsäule mit integriertem Motor und Fußelement

Minimale Tischhöhe

Höhe der DL5 in der unteren Endposition

Boden

Hubsäule mit integriertem Motor sowie Schrauben und Kabel

6 x M6 Max. Anzugs- moment: 7,5 Nm

📖 **Lernsitation (Teil B):**

Am nächsten Morgen, den 19.02.0X, bittet Herr Weber Herrn Droste zu sich, um den Stand der Dinge zu erfahren.

Herr Weber: Guten Morgen, Herr Droste. Haben Sie schon mit der Bedarfsermittlung für unser neues Produkt begonnen?

Herr Droste: Selbstverständlich, Herr Weber. Anhand der Erzeugnisstruktur und der Zeichnungen habe ich die Mengenübersichtsstückliste erstellt und anschließend den Bedarf für die geplante Produktionsmenge ermittelt.

Herr Weber: Schön und gut, Herr Droste, aber was haben wir auf Lager und was müssen wir bestellen?

Herr Droste: So weit bin ich noch nicht gekommen, aber gehen wir die einzelnen Positionen doch mal durch. Nun, die Komponenten der Höhenverstellung liegen natürlich nicht auf Lager. Die Arbeitsplatte und die Fußelemente verwenden wir auch bei anderen Produkten. Da könnte einiges vorrätig sein. Bei den übrigen Positionen bin ich mir nicht sicher.

Herr Weber: Nun gut, Herr Droste. Machen Sie sich bitte an die Arbeit. Ich möchte so schnell wie möglich die exakten Zahlen an unsere Einkäuferin Frau Rother weiterleiten, damit wir Anfang April mit der Produktion beginnen können.

 Arbeitsauftrag:

Ermitteln Sie ausgehend vom Bruttosekundärbedarf den **Nettosekundärbedarf** (Stückzahl, die bestellt werden muss) für die in der unten stehenden Tabelle aufgeführten Komponenten des neuen Sitz-/Steharbeitsplatzes. Berücksichtigen Sie hierbei folgende Angaben:

- Bei der BüroTec GmbH rechnet man für <u>sämtliche</u> Komponenten mit einem Zusatzbedarf von 10 % vom Bruttosekundärbedarf.

- Seitens der Produktion wurde bezogen auf die Komponente Hubsäule mit integriertem Motor ein Sicherheitsbestand von 20 Einheiten festgelegt.

	Arbeitsplatte Teile-Nr. 480 120	Winkel Teile-Nr. 480 140	Beschlag Teile-Nr. 480 118	Hubsäule Teile-Nr. 480 112
Bruttosekundärbedarf				
= **Nettosekundärbedarf**				

Info 1: Lagerdateien

Lagerdateien (Auszug vom 19.02.0X)

Werkstoffbezeichnung	Arbeitsplatte				
Teilenummer	480 190				
Lagerplatz-Nr.	3033				
Aktueller Lieferant	Gede GmbH				
Lieferzeit	14 Tage				
Aktueller Bezugspreis	100,00 € je Stück				
Reservierungen	50 St.				
Sicherheitsbestand	50 St.				
Datum	Beleg	Zugang	Abgang	Bestand	Bestellung
11.01.	ME 20 015		50	440	
15.01.	ME 20 122		20	420	
22.01.	ME 20 124	120		540	
25.01.	ME 20 126		70	470	
17.02.	ME 20 158		40	430	
19.02.	ME 20 167		30	400	180

Werkstoffbezeichnung	Winkel				
Teilenummer	480 140				
Lagerplatz-Nr.	2002				
Aktueller Lieferant	Böllmann KG				
Lieferzeit	5 Tage				
Aktueller Bezugspreis	1,20 € je Stück				
Reservierungen	900 St.				
Sicherheitsbestand	1.000 St.				
Datum	Beleg	Zugang	Abgang	Bestand	Bestellung
15.01.	ME 20 121		900	29.100	
26.01.	ME 20 130		1.020	28.080	
04.02.	ME 20 132		900	27.180	
07.02.	ME 20 139		1.020	26.160	
16.02.	ME 20 157		900	25.260	
19.02.	ME 20 169		1.020	24.240	6.000

Werkstoffbezeichnung	Arbeitsplatte				
Teilenummer	480 120				
Lagerplatz-Nr.	3024				
Aktueller Lieferant	Gede GmbH				
Lieferzeit	7 Tage				
Aktueller Bezugspreis	90,00 € je Stück				
Reservierungen	40 St.				
Sicherheitsbestand	50 St.				
Datum	Beleg	Zugang	Abgang	Bestand	Bestellung
15.01.	ME 20 120		50	340	
25.01.	ME 20 127		40	300	
01.02.	BE 15 247	150		450	150
05.02.	ME 20 133		60	390	
15.02.	ME 20 150		40	350	
19.02.	ME 20 165		30	320	150

Werkstoffbezeichnung	Beschlag				
Teilenummer	480 118				
Lagerplatz-Nr.	1818				
Aktueller Lieferant	Freier OHG				
Lieferzeit	8 Tage				
Aktueller Bezugspreis	0,90 € je Stück				
Reservierungen	100 St.				
Sicherheitsbestand	500 St.				
Datum	Beleg	Zugang	Abgang	Bestand	Bestellung
28.01.	ME 20 346		140	2.040	
02.02.	ME 20 131		200	1.840	
05.02.	BE 15 260	400		2.240	300
06.02.	ME 20 138		200	2.040	
08.02.	ME 20 143		160	1.880	
19.02.	ME 20 160		80	1.800	300

Info 2: Handbuch Beschaffung

BüroTec GmbH   **Kapitel Materialdisposition**

Plangesteuerte Bedarfsermittlung
– vom Bruttosekundärbedarf zum Nettosekundärbedarf:

Ausgangspunkt der plangesteuerten Bedarfsermittlung ist die geplante Produktionsmenge an verkaufsfähigen Enderzeugnissen, die als Primärbedarf bezeichnet wird.

Die zur Fertigung des Primärbedarfs erforderliche Menge an Komponenten bezeichnet man als Bruttosekundärbedarf.

Der Bruttosekundärbedarf wird aus der Mengenübersichtsstückliste abgeleitet. I.d.R. muss jedoch nicht die gesamte Menge an Komponenten hergestellt bzw. bestellt werden, da zumeist ein Teil der benötigten Menge auf Lager liegt. Darüber hinaus sind noch weitere Faktoren zu berücksichtigen, wie unten stehendes Berechnungsschema zeigt.

Sind alle Faktoren berücksichtigt, erhält man den Nettosekundärbedarf. Das ist der Bedarf, der letztlich bestellt werden muss.

> **Bruttosekundärbedarf**
> + Zusatzbedarf
> ---
> = Erweiterter Bruttosekundärbedarf
> - Lagerbestand
> - Bestellbestand
> + Reservierter Lagerbestand
> + Sicherheitsbestand
> ---
> = **Nettosekundärbedarf**

Die plangesteuerte Bedarfsermittlung ist im Vergleich zur verbrauchsgesteuerten Bedarfsermittlung sehr genau, aber sehr aufwändig.

In der Praxis werden i.d.R. die wesentlichen Werkstoffe plangesteuert disponiert. Der so genannte Tertiärbedarf (Klebstoffe, Lacke, Kleinteile, wie z.B. Schrauben und Muttern oder auch Betriebsstoffe) wird hingegen häufig verbrauchsgesteuert disponiert, d.h., der künftige Bedarf wird nur auf Basis des in der Lagerdatei erfassten Lagerbestands ermittelt.

Letztlich wird jedoch jedes Unternehmen aufgrund der betrieblichen Situation selbst entscheiden, welche Werkstoffe verbrauchsgesteuert oder plangesteuert disponiert werden.

Bei der BüroTec GmbH werden alle in der Erzeugnisstruktur angegebenen Werkstoffe plangesteuert disponiert.

Erläuterungen:

Aufgrund von erfahrungsgemäß nicht zu vermeidendem Ausschuss muss ein **Zusatzbedarf** berücksichtigt werden. Er ergibt sich aus Erfahrungswerten der Vergangenheit. Bei der BüroTec GmbH berechnet man hierfür generell 10 % vom Bruttosekundärbedarf. Der **Bestellbestand** befindet sich noch nicht im Lager, ist aber bereits geordert. Der **reservierte Lagerbestand** befindet sich im Lager, ist aber für andere Aufträge reserviert. Der **Sicherheitsbestand** steht für die reguläre Disposition nicht zur Verfügung, sondern wird nur im Notfall, bspw. bei Nicht-Rechtzeitig-Lieferung, angebrochen.

📖 **Lernsituation:**

Nachdem Herr Droste den Nettosekundär- bedarf für die einzelnen Komponenten des Sitz-/Steharbeitsplatzes ermittelt hat, leitet er seine Ergebnisse an Frau Rother, Einkäufe- rin der BüroTec GmbH, weiter. Frau Rother begibt sich unverzüglich daran, mögliche Lieferanten für die benötigten Komponenten zu ermitteln. Da die meisten Komponenten auch für andere Schreibtische der BüroTec verwendet werden, kann Frau Rother hierbei auf bereits vorhandene Daten zurückgreifen. Bezogen auf die Hubsäulen mit integriertem Elektromotor für die höhenverstellbaren Sitz-/Steharbeitsplätze verfügt sie jedoch über keine Informationen.

✎ **Arbeitsaufträge:**

1. Aus welchen Gründen verwendet die BüroTec GmbH einzelne Komponenten gleichzeitig in mehreren Schreibtischmodellen?
2. Zeigen Sie verschiedene Möglichkeiten auf, Bezugsquellen für alle benötigten Komponenten zu ermitteln.

Bezugsquellenermittlung

Interne Informationsquellen	**Externe Informationsquellen**
⇒ _____	⇒ _____
⇒ _____	⇒ _____
⇒ _____	⇒ _____
⇒ _____	⇒ _____
⇒ _____	⇒ _____
⇒ _____	⇒ _____
⇒ _____	⇒ _____

3. Welche Risiken sehen Sie, wenn Werkstoffe bei ausländischen Bezugsquellen beschafft werden (Global Sourcing)?

4. Nennen Sie Gründe, warum dennoch im Ausland eingekauft wird.

5.　Ermitteln Sie mit Hilfe der zur Verfügung stehenden Informationsquellen (Branchen-adressbücher, Internet etc.) drei mögliche Lieferanten, die Antriebstechniken für die höhenverstellbaren Sitz-/Steharbeitsplätze anbieten.

Beispiel: Online-Recherche

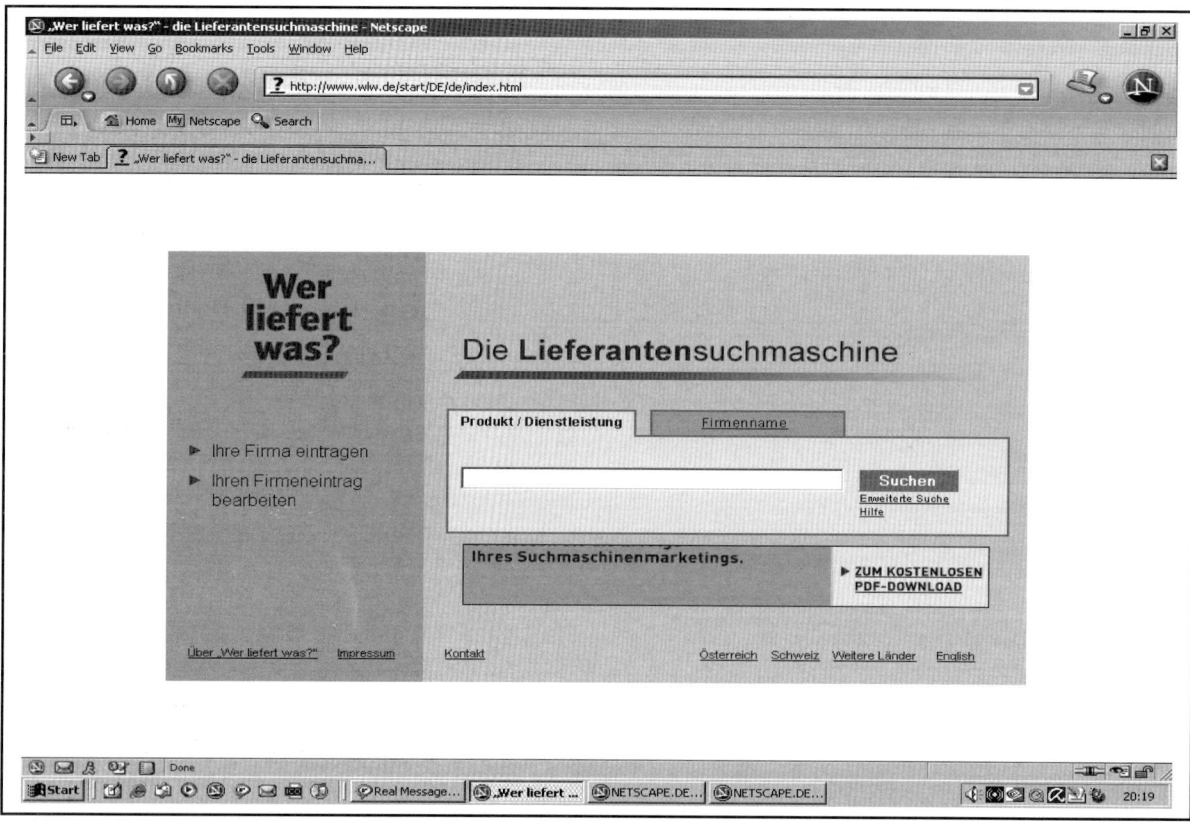

6.　Alle Maßnahmen, die darauf abzielen, Märkte für den Einkauf von Werkstoffen überschaubarer zu machen, werden als Beschaffungsmarktforschung bezeichnet.

　6.1　Nehmen Sie an, im Rahmen der Bezugsquellenermittlung sind diverse Lieferanten ausfindig gemacht worden. Welche Informationen bezüglich dieser Lieferanten sind nun für die BüroTec GmbH von Interesse?

　6.2　Auch die Wettbewerber und der Markt an sich sind häufig Gegenstand der Beschaffungsmarktforschung. Nennen Sie Informationen, die diesbezüglich nützlich sein könnten.

　6.3　Wie gelangen Sie an die unter 6.1 und 6.2 erarbeiteten Informationen?

7.　Verfassen Sie nach den Schreib- und Gestaltungsregeln der DIN 5008 exemplarisch die Anfrage hinsichtlich der Antriebstechnik an einen Lieferanten Ihrer Wahl (Datum: 20.02.0X). Sie können die Anfrage entweder manuell (siehe Vordruck) oder mit einem geeigneten Textverarbeitungsprogramm schreiben.
Anmerkungen: Die jährliche Bestellmenge von 4.420 Einheiten soll in 4 Teillieferungen erfolgen (Teillieferung 1: 1.120 Einheiten, Teillieferungen 2 bis 4: je 1.100 Einheiten). Produktionsbeginn ist Anfang April.

8.　Nehmen Sie an, die BüroTec GmbH hat Lieferanten für die benötigte Antriebstechnik ermitteln können. Wie kann sich die BüroTec GmbH im Vorfeld von der Qualität der zu liefernden Produkte überzeugen?

9.　Nachdem die Angebote von den in Frage kommenden Lieferanten eingeholt wurden, muss entschieden werden, mit welchem Lieferanten die BüroTec GmbH zukünftig zusammenarbeiten möchte. Nennen Sie geeignete Kriterien, die bei der Bewertung der Lieferanten von Bedeutung sein könnten.

Info 1: Vordruck Geschäftsbrief

BüroTec GmbH
Moers

BüroTec GmbH ◆ Anglerstraße 34 ◆ 47444 Moers

....

....

....

....

....

....

....

....

....

Ihr Zeichen, Ihre Nachricht vom	Unser Zeichen, unsere Nachricht vom	Telefon, Name 02841 283-	Datum
....	....	....	....

Anfrage

Geschäftsführer:	Handelsregister:	Kommunikation:	Bankverbindungen:	Finanzamt Moers
Moritz Schmidt	Amtsgericht Moers	Telefon: 02841 283-0	Sparkasse Moers	Steuernummer:
Michael Schneider	HRB 4 415	Telefax: 02841 283-1	Kto. 369990894 BLZ 35050000	12287679943
Petra Peters		E-Mail: info@BüroTec.de	Postbank Moers	Ust-Id-Nummer:
Sitz der Gesellschaft:			Kto. 734899329 BLZ 35040000	DE 811127386
Moers				

Fortsetzung

BüroTec GmbH
Moers

Geschäftsführer | Handelsregister: | Kommunikation: | Bankverbindungen: | Finanzamt Moers
Moritz Schmidt | Amtsgericht Moers | Telefon: 02841 283-0 | Sparkasse Moers | Steuernummer:
Michael Schneider | HRB 4415 | Telefax: 02841 283-1 | Kto. 369990894 BLZ 35050000 | 12287679943
Petra Peters | | E-Mail: info@BüroTec | Postbank Moers | Ust-Id-Nummer:
Sitz der Gesellschaft: | | | Kto. 734899329 BLZ 35040000 | DE 811127386
Moers

Info 2: Handbuch Beschaffung

BüroTec GmbH   Kapitel Geschäftsbriefe

I. Die Anfrage

<u>Grundlagen</u>

Um mehrere Angebote miteinander vergleichen zu können, versendet der Käufer Anfragen an potenzielle Lieferanten mit der Bitte um Abgabe eines verbindlichen Angebots.

Die Anfrage ist formfrei und rechtlich unverbindlich, d.h., der Käufer geht keine Verpflichtung gegenüber dem potenziellen Lieferanten ein und kann somit gleichzeitig bei mehreren in Frage kommenden Lieferanten anfragen.

Grundsätzlich ist zwischen zwei Varianten der Anfrage zu unterscheiden:

- allgemeine Anfragen
- bestimmte Anfragen

Bei allgemeinen Anfragen werden ohne feste Kaufabsicht Preislisten, Kataloge, Muster oder Vertreterbesuche angefordert.

Bestimmte Anfragen beziehen sich auf die Lieferung von bestimmten Erzeugnissen oder Dienstleistungen. Um Rückfragen zu vermeiden, sollte eine Anfrage präzise formuliert sein.

<u>Aufbau & Inhalt einer bestimmten Anfrage</u>

1. Hinweis, wie man auf den Lieferanten aufmerksam geworden ist

2. kurze Vorstellung des eigenen Unternehmens

3. Grund der Anfrage

4. zweckmäßige Beschreibung der gewünschten Erzeugnisse oder Dienstleistungen (evtl. Hinweis auf Konstruktionsskizze)

5. Angabe der benötigten Menge

6. Erfragen der Preise, Lieferungs- und Zahlungsbedingungen

7. Hinweis auf gewünschten Liefertermin

8. Sonstige Vorstellungen, wie z.B. Just-in-time-Lieferung

9. Schlussformel

10. Anlagen (z.B. Skizzen)

Fortsetzung

BüroTec GmbH   Kapitel Geschäftsbriefe

II. Allgemeiner Aufbau von Geschäftsbriefen

Die DIN-Normen für die Briefgestaltung sind keine bindenden Vorschriften wie etwa die Regeln zur Rechtschreibung. Es sind lediglich Empfehlungen – nicht mehr und nicht weniger. Vor allem sind sie kein Selbstzweck. Sehen Sie die Regeln einfach als Hilfe, damit Sie nicht bei jedem Brief neu überlegen müssen, wo was hingehört. Zudem finden auch Sie sich schneller zurecht, wenn ein an Sie adressierter Geschäftsbrief übersichtlich nach DIN 5008 gestaltet ist.

Muster (◆ = Leerzeilen):

```
Feld für Briefkopf
--------------------------------------------------------------
Postanschrift des Absenders
-----------------------------------------------
Postvermerke
Postvermerke
Postvermerke
Firmenname
Ansprechpartner
Postfach oder Straße mit Hausnummer
Postleitzahl und Bestimmungsort
◆
◆
-----------------------------------------------
Leitwörter der Bezugszeichenzeile
Bezugszeichenzeile
◆
◆
Betreffvermerk
◆
◆
Anrede
◆
Brieftext (mit Absätzen)
...
...
...
◆
Grußformel
◆
Bezeichnung der Firma
◆
Zusatz (z.B. i.A., i.V., ppa.) und Unterschrift
◆
Maschinenschriftliche Angabe des Unterzeichners
◆
Anlagen
...
--------------------------------------------------------------
Feld für geschäftliche und gesellschaftsrechtliche Angaben
```

Lernsituation 04	Lieferanten auswählen	Beschaffungs- prozesse

📖 Lernsituation:

Einige Tage später bittet Herr Weber, Leiter des Einkaufs, seine Mitarbeiterin Frau Rother zu sich, um die Lage zu besprechen.

Herr Weber: Guten Morgen, Frau Rother. Haben Sie schon einen Lieferanten für die benötigte Antriebs- technik ausgewählt?

Frau Rother: Guten Morgen, Herr Weber. Um Ihre Frage zu beantworten, wir sind auf einem guten Weg. Im Rahmen einer intensiven Internetrecherche haben wir drei geeignete Lieferanten ausfindig machen können. Alle drei sind um die Abgabe aussagekräftiger Angebote gebeten worden und wie mir vor einigen Minuten mitgeteilt wurde, sind diese heute Morgen eingetroffen.

Herr Weber: Das hört sich gut an. Unter diesen Umständen kann ich unserer Geschäftsführung ja noch heute das Ergebnis mitteilen.

Frau Rother: Ich denke, wir sollten nichts überstürzen. Außer dem Preis ist eine Vielzahl weiterer Kriterien zu berücksichtigen, wenn man zu einer fundierten Entscheidung kommen will. Da verliert man schnell den Überblick.

Herr Weber: Da haben Sie sicherlich Recht, aber wie wollen Sie das Problem lösen?

Frau Rother: Zunächst einmal habe ich unseren Herrn Müller damit beauftragt, Erkundigungen über die drei Lieferanten einzuziehen. Ich erwarte noch heute seine Ergebnisse. Darüber hinaus habe ich im Rahmen meiner letzten Fortbildung ein Instrument kennen gelernt, das eine systematische Lieferantenbewertung ermöglicht.

Herr Weber: Sehr gut, Frau Rother. Dann erwarte ich so schnell wie möglich einen begründeten Vorschlag, für welchen Lieferanten wir uns entscheiden sollen.

✒ Arbeitsaufträge:

1. Unterbreiten Sie mit Hilfe des Formulars zur Lieferantenauswahl (Info 5) einen begründeten Vorschlag, für welchen Lieferanten sich die BüroTec GmbH bei einer geplanten jährlichen **Bestellmenge von 4.420 Stück** entscheiden sollte.

   1.1 Ermitteln Sie im Rahmen der quantitativen Analyse den jeweiligen Einstandspreis für die gesamte Bestellmenge (die BüroTec GmbH nutzt i.d.R. Skonto).

   1.2 Vergleichen Sie danach die Lieferanten unter Anwendung der Nutzwertanalyse hinsichtlich der nicht-monetären Kriterien (qualitative Analyse). Nutzen Sie hierfür die vorliegende Lieferantenrecherche (Info 4).

2. Nehmen Sie an, die ermittelten Einstandspreise übersteigen die einkalkulierten Kosten für die Antriebstechnik. Welche Maßnahmen kann die BüroTec GmbH ergreifen?

3. Ein Mitarbeiter der Einkaufsabteilung macht den Vorschlag, die benötigten Zukaufteile nicht von einem, sondern von mehreren Lieferanten zu beziehen. Vergleichen Sie die beiden Beschaffungskonzepte im Hinblick auf ihre Vor- und Nachteile miteinander.

4. Die BüroTec GmbH erhält von ihrem Holzlieferanten ein Schreiben, in dem für Juni Preiserhöhungen angekündigt werden. Nennen Sie geeignete Maßnahmen, diesen Preissteigerungen von Seiten der BüroTec GmbH entgegenzuwirken.

5. Verspätet treffen bei der BüroTec GmbH noch zwei Angebote von ausländischen Lieferanten ein (Info 6 und 7). Prüfen Sie, ob eines der Angebote kostengünstiger ist als das beste inländische Angebot, indem Sie den jeweiligen Einstandspreis für die gesamte Bestellmenge 4.420 Stück in € berechnen.

Aktuelle Wechselkurse	
1 €	1,3491 USD (US-Dollar)
1 €	0,6762 GBP (Great Britain Pound)

	Angebot 1	Angebot 2
Listeneinkaufspreis (€) (gesamte Bestellmenge)		
- Rabatt (€)		
= Zieleinkaufspreis (€)		
- Skonto (€)		
= Bareinkaufspreis (€)		
+ Bezugskosten (€)		
= Einstandspreis (€)		

6. In den Angeboten der potenziellen inländischen und ausländischen Lieferanten sind die Transportkosten konkret benannt worden. Es besteht jedoch auch die Möglichkeit, so genannte Versandklauseln bzw. Incoterms[1] zu verwenden, die Aufschluss darüber geben, wer – Verkäufer, Käufer oder beide – die Versandkosten tragen soll (siehe Info 8). Zu den Versandkosten zählen insbesondere Rollgeld (Vor- /Nachlaufkosten), Fracht, Verlade- und Entladegebühren. Berechnen Sie anhand eines exemplarischen Transports von 200 Schreibtischen (ein kompletter LKW) von Moers nach München die anteiligen Versandkosten, die Verkäufer und Käufer bei folgenden Vereinbarungen zu tragen haben:

Vereinbarungen	Verkäufer	Käufer
Ab Werk		
Frei Haus		
Unfrei		
Frachtfrei		
Ab hier		
Frei dort		

Informationen

Rollgeld (Vor- und Nachlauf)	jeweils 200,00 €
Frachtkosten	700,00 €
Verlade- und Entladegebühren	jeweils 50,00 €

---

[1] Incoterms sind Handelsklauseln, die bei internationalen Geschäften Anwendung finden. Sie werden im Rahmen der Absatzprozesse ausführlich behandelt.

Info 1: Angebot LINUK GmbH

LINUK GmbH
-improve your life-

LINUK GmbH ◆ Finkenweg 7 - 14 ◆ 78048 Villingen

BüroTec GmbH
Anglerstraße 34
47444 Moers

Ihr Zeichen, Ihre Nachricht vom	Unser Zeichen, unsere Nachricht vom	Telefon, Name 07721 623-	Datum
Ro, 20.02.0X	Gei	75, Jürgen Geiger	24.02.0X

Angebot DESKLIFT DL3

Sehr geehrte Frau Rother,

für Ihr Interesse an unseren Antriebssystemen für Möbel danken wir Ihnen und bieten Ihnen die gewünschte Hubsäule zu folgenden Konditionen an.

**Hubsäule DESKLIFT DL3
mit integriertem Elektromotor
Bestellnummer: 223 459**

Listenverkaufspreis (netto): 154,80 € je Stück inkl. Verpackung zzgl. 19 % USt.

Ab 4.000 Stück gewähren wir einen Mengenrabatt von 10 %. Die Transportkosten betragen bei 4 Teillieferungen insgesamt 800,00 €. Die Lieferzeit beträgt 7 Tage nach Auftragseingang. Sie haben die Möglichkeit, unsere Rechnungen innerhalb von 14 Tagen nach Rechnungsdatum mit 2 % Skonto oder 30 Tage netto Kasse zu begleichen.

Gern erwarten wir Ihre Bestellung, die wir sorgfältig ausführen werden.

Mit freundlichem Gruß

LINUK GmbH

i.A. *Jürgen Geiger*

Jürgen Geiger

Geschäftsführer:	**Handelsregister:**	**Kommunikation:**	**Bankverbindungen:**	**Finanzamt Villingen**
Rotraut Schrutka	Amtsgericht Villingen	Telefon: 07721 623-0	Stadtsparkasse Villingen	Steuernummer:
Manfred Georgi	HRB 3326	Telefax: 07721 623-1	Kto. 547834842	34886324551
Sitz der Gesellschaft:		E-Mail: mail@linuk.de	BLZ 694 500 65	USt-Id-Nummer:
Villingen				DE572446932

Info 2: Angebot Welle GmbH

Welle GmbH
www.welle.de

Welle GmbH ◆ Lutherplatz 21 ◆ 74389 Heilbronn

BüroTec GmbH
Anglerstraße 34
47444 Moers

Ihr Zeichen, Ihre Nachricht vom	Unser Zeichen, unsere Nachricht vom	Telefon, Name 07131 8200-	Datum
Ro, 20.02.0X	Pe	53, M. Perscher	25.02.0X

Angebot AUTODESK AD4

Sehr geehrte Frau Rother,

Sie interessieren sich für Antriebstechnik für höhenverstellbare Sitz-/Steharbeits-plätze? Wir bieten Ihnen:

Hubsäule AUTODESK AD4
mit integriertem Elektromotor
Bestell-Nr. 33456

Listenverkaufspreis (netto): 159,25 € je Stück inkl. Verpackung zzgl. 19 % USt.

Ab 3.500 Stück gewähren wir einen Mengenrabatt von 12 %. Die Lieferung erfolgt ab Werk. Gerne organisieren wir für Sie auch den Transport über unseren Hausspediteur. Die Kosten hierfür betragen 0,10 € je Stück. Die Lieferzeit beträgt 14 Tage nach Auftragseingang. Unsere Rechnungen sind innerhalb von 14 Tagen nach Rechnungsdatum mit 3 % Skonto oder 30 Tage netto Kasse zu begleichen.

Wir würden uns freuen, Sie als neuen Kunden begrüßen zu dürfen.

Mit freundlichem Gruß

Welle GmbH

i.A. *Monika Perscher*

Monika Perscher

Geschäftsführer:	Handelsregister:	Kommunikation:	Bankverbindungen:	Finanzamt HN
Regina Esslinger	Amtsgericht Heilbronn	Telefon: 07131 8200-0	Sparkasse Heilbronn	Steuernummer:
Andreas Hofmann	HRB 2573	Telefax: 07131 8200-1	Kto. 148835842 BLZ 620 500 00	72556328935
Sitz der Gesellschaft:		E-Mail: info@welle.de	Volksbank Heilbronn	USt-Id-Nummer:
Heilbronn			Kto. 92399846 BLZ 620 901 00	DE811127386

Info 3: Angebot Brauer KG

Brauer Möbeltechnik
die Verbindung von Tradition und Moderne

EMAS

Brauer KG ◆ Humboldtallee 23 - 25 ◆ 07745 Jena

BüroTec GmbH
Anglerstraße 34
47 444 Moers

Ihr Zeichen, Ihre Nachricht vom	Unser Zeichen, unsere Nachricht vom	Telefon, Name 03641 879-	Datum
Ro, 20.02.0X	Pe	16, Pauline Peters	24.02.0X

Angebot Antriebstechnik für höhenverstellbare Sitz-/Steharbeitsplätze

Sehr geehrte Frau Rother,

wir bedanken uns für Ihr Schreiben vom 20.02.0X und freuen uns, Ihnen einen entsprechenden Artikel anbieten zu können.

**Hubsäule mit integriertem Elektromotor
für höhenverstellbare Sitz-/Steharbeitsplätze
(Bestell-Nr. 102-858-94)**

Wir liefern zu folgenden Konditionen:

Listenverkaufspreis:	157,00 € je Stück (netto) inkl. Verpackung zzgl. 19 % USt.; ab 2.000 Stück 5 % Rabatt, ab 4.000 Stück 10 % Rabatt Lieferung ab Werk
Lieferzeit:	14 Tage
Zahlungsbedingungen:	Zahlung innerhalb von 14 Tagen nach Rechnungsdatum mit 3 % Skonto oder 30 Tage netto Kasse

Auf Wunsch organisieren wir auch den Transport für Sie. Hierfür würden Kosten in Höhe von 0,20 € je Stück anfallen.

Mit freundlichem Gruß

Brauer KG

i.A. *Pauline Peters*

Pauline Peters

Geschäftsführer:	**Handelsregister:**	**Kommunikation:**	**Bankverbindungen:**	**Finanzamt Jena**
Klaus Brauer	Amtsgericht Jena	Telefon: 03641 879-0	Sparkasse Jena	Steuernummer:
Sitz der Gesellschaft:	HRA 4834	Telefax: 03641 879-1	Kto. 435572861	87679943122
Jena		E-Mail: info@brauer-möbeltechnik.de	BLZ 830 530 30	USt-Id-Nummer:
				DE386113732

Info 4: Interne Mitteilung

BüroTec GmbH

Interne Mitteilung

an: Frau Rother (Einkauf)

von:	Karl Müller
Abteilung:	Einkauf
Datum:	26.02.0X
Zeichen:	Mü

Recherche LINUK GmbH / Welle GmbH / Brauer KG

Gemäß dem von Ihnen erhaltenen Auftrag, habe ich über die drei in Frage kommenden Lieferanten für Antriebstechnik entsprechende Nachforschungen angestellt.

<u>LINUK GmbH</u>

Die Firma ist seit 6 Jahren auf dem Sektor für Möbelantriebstechnik etabliert. Sie genießt bei ihren Kunden einen ausgezeichneten Ruf, was die Qualität der Antriebstechnik angeht. Die Zertifizierung nach DIN ISO 9000 ist ein weiteres Indiz für die hohe Qualität, die der Lieferant bietet. Im Umgang mit Reklamationen soll sich die LINUK GmbH laut Kundenaussagen angemessen verhalten. Hinsichtlich etwaiger Sonderwünsche (kurzfristige Lieferungen, technische Änderungen, Farbauswahl etc.) zeigt sich die LINUK GmbH sehr flexibel. Zugesagte Liefertermine werden immer eingehalten. Soweit ich in Erfahrung bringen konnte, hat der Umweltschutz bei der LINUK GmbH eine sehr untergeordnete Bedeutung. Man beschränkt sich einzig und allein darauf, die gesetzlichen Bestimmungen einzuhalten. Die Lieferzeiten sind den entsprechenden Angeboten zu entnehmen.

<u>Welle GmbH</u>

Die Welle GmbH gilt als Marktführer der Branche. Durch das enorm hohe Auftragsvolumen, das die Firma zu bewältigen hat, sind jedoch im Einzelfall beschädigte Produkte beim Hersteller angeliefert worden, was auf eine eher „großzügig" ausgefallene Endkontrolle zurückzuführen war. In puncto Qualität muss man bei einem Anbieter dieser Größe sicherlich Abstriche machen. Allerdings ist diesem Anbieter zu attestieren, dass er sich bei Reklamationen außergewöhnlich kulant zeigt und diese stets in allerkürzester Zeit abwickelt. Sonderwünsche (kurzfristige Lieferungen, technische Änderungen, Farbauswahl etc.) werden bei der Welle GmbH erst ab einem Auftragsvolumen von 800.000,00 € berücksichtigt. Die von der Firma benannten Lieferzeiten werden generell eingehalten. Der Umweltschutz wird bei der Welle GmbH ernst genommen. Man achtet penibel darauf, die gesetzlichen Bestimmungen einzuhalten. Darüber hinaus verwendet man laut Umwelterklärung so weit wie möglich recyclingfähige Materialien. Die Lieferzeiten können den entsprechenden Angeboten entnommen werden.

<u>Brauer KG</u>

Die Brauer KG ist v.a. regional bekannt und ist bei Ihren Kunden hoch angesehen. Insbesondere die Zuverlässigkeit, mit der der Anbieter qualitativ einwandfreie Ware liefert, wird von jedem seiner Kunden besonders hervorgehoben. Die Reklamationsabwicklung lässt ein wenig zu wünschen übrig. Sonderwünsche (kurzfristige Lieferungen, technische Änderungen, Farbauswahl) werden nach Möglichkeit berücksichtigt. In puncto Umweltschutz verhält man sich vorbildlich. Seit 1999 lässt man sich regelmäßig gemäß ÖKO-Audit zertifizieren. In diesem Zusammenhang hat sich das Unternehmen entschlossen, den Transport überwiegend per Bahn durchzuführen. Dieses lobenswerte Ansinnen führt jedoch ab und an zu Verzögerungen der Liefertermine, da bei der Bahn zunächst ein gewisses Kontingent erreicht werden muss, um einen Waggon zu füllen. Die Lieferzeiten sind den entsprechenden Angeboten zu entnehmen.

Mit freundlichem Gruß

Karl Müller

Info 5: Formular zur Lieferantenauswahl

BüroTec GmbH - Lieferantenauswahl

Art.: Antriebstechnik Sitz-/Steharbeitsplatz   Teile-Nr. 480 112   Bestellmenge: 4.420 Einheiten

I. Quantitative Analyse (Bezugspreiskalkulation)

	LINUK	Welle	Brauer
Listeneinkaufspreis (netto)			
- Rabatt			
= Zieleinkaufspreis			
- Skonto			
= Bareinkaufspreis			
+ Bezugskosten (Transport & Verpackung)			
= Einstandspreis (Bezugspreis)			

Entscheidung

II. Qualitative Analyse (Nutzwertanalyse)

Hinweise zur Durchführung der Nutzwertanalyse

1. Gewichten Sie die Kriterien durch die Vergabe von jeweils 0 - 3 Punkten!

0 = nicht wichtig
1 = weniger wichtig
2 = wichtig
3 = sehr wichtig

2. Beurteilen Sie durch Vergabe von Noten zwischen 0 - 4, inwieweit die Lieferanten den Anforderungen gerecht werden!
0 = mangelhaft
1 = ausreichend
2 = befriedigend
3 = gut
4 = sehr gut

3. Gewichten Sie Ihre Beurteilung (Gewichtungspunktzahl multipliziert mit der Beurteilungsnote) und addieren Sie die Punktzahlen der einzelnen Kriterien zu einer Gesamtpunktzahl!

Anforderungen an den Lieferanten	Gewichtung der Anford.	Diesen Anforderungen entspricht die					
		LINUK		Welle		Brauer	
		Note	Punkte	Note	Punkte	Note	Punkte
		Punkte		Punkte		Punkte	

Entscheidung

III. Verknüpfung der Ergebnisse aus I. & II.

Gesamtentscheidung

Info 6: Angebot Universal Office Systems Ltd.

Universal Office Systems Ltd.
4F, No.4, Sec. 3, Min-Sheng E. Road 104
TAIPEI
TAIWAN, R.O.C. 31
 phone +886 2 2720 8889
 info@unioffice.com

24 February 0X

BüroTec GmbH
Mrs Rother
Anglerstraße 34
47444 Moers
Germany

Dear Mrs Rother

Your enquiry about desklifts

Thank you for your letter of 20 February 0X enquiring about our range of products.
We have pleasure in submitting an offer on the following terms:

desklift TX 200   **$ 212.20 per unit**

The freight costs amount to $ 1,618.92, and is subject to payment within 30 days of receiving of the goods.

We are prepared to offer a discount of 2.0 % on condition that invoices are settled within 14 days. In addition, we would grant a volume discount of 10.0 % for an order exceeding 1,200 units.

This offer remains valid for a period of four weeks as of the above date.

Our usual Terms and Conditions of Business apply.

If you require any further information, please do not hesitate to contact us.

We look forward to welcoming you as our customer.

Yours sincerely

John Sullivan

John Sullivan
Sales Manager

Info 7: Angebot TTX Systems Services Ltd.

TTX Systems Services Ltd.
12 South Clerk Street
Edinburgh
Midlothian
EH8 9Ps
UNITED KINGDOM
phone: +44 0131 624 6200
info@ttx.com

24 February 0X

BüroTec GmbH
Mrs Rother
Anglerstraße 34
47444 Moers
Germany

Dear Mrs Rother

Your enquiry about 4,420 desklifts

Many thanks for your enquiry about the supply of 4,420 desklifts.

We are delighted to make you the following offer:

We can deliver Type DKL 300 desklifts at a list price of 110.00 GBP each.

The total freight costs add up to 1,081.92 GBP. We guarantee delivery within two weeks of receipt of order.

We would also be willing to offer you a 12 % discount on the total price. Payment should be made against invoice within 30 days of delivery. In the case of payment within seven days, you will also receive a further 3 % cash discount.

Should you have any questions or require any further information, please do not hesitate to contact us at any time.

We hope that you will find this offer satisfactory, and look forward to receiving your order.

Yours sincerely

Fritz Betterman

Fritz Betterman
Export Department

Info 8: Versandklauseln

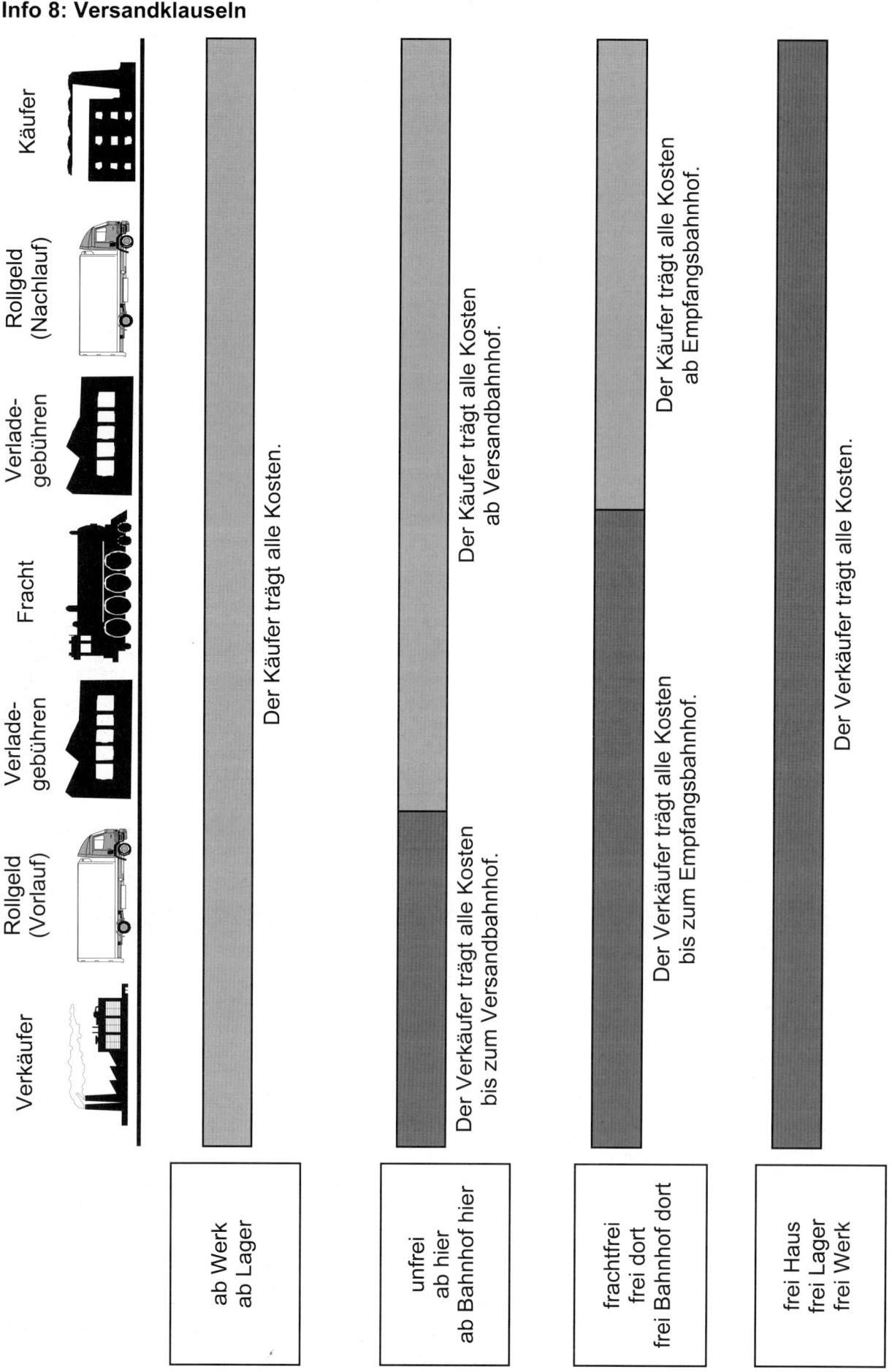

 Lernsituation:

Nachdem Frau Rother im Rahmen der Lieferantenauswahl die drei potenziellen Lieferanten miteinander verglichen hat, sucht sie ihren Abteilungsleiter Herrn Weber auf, um die weitere Vorgehensweise zu besprechen.

Herr Weber: Guten Morgen, Frau Rother. Ich habe schon auf Sie gewartet. Was hat Ihre Lieferantenauswahl ergeben?

Frau Rother: Guten Morgen, Herr Weber. Hinsichtlich der qualitativen Kriterien liegt die LINUK GmbH klar vorne. Preislich jedoch ist die Welle GmbH am günstigsten. Bezogen auf die gesamte Jahresverbrauchsmenge liegt die Welle GmbH bei ca. 601.000,00 €.

Herr Weber: Das habe ich befürchtet. Wenn wir den notwendigen Gewinn realisieren wollen, steht uns dieser Betrag für die Hubsäulen mit integriertem Elektromotor nicht zur Verfügung.

Frau Rother: Was schlagen Sie vor, Herr Weber?

 Arbeitsauftrag:

Die BüroTec GmbH hat beschlossen, Vertreter der LINUK GmbH und der Welle GmbH für Freitag, den 04.03.0X zu einem Gespräch zu bitten, um noch einmal über den Preis zu sprechen (aufgrund des schlechten Abschneidens in der quantitativen und qualitativen Analyse hat man sich entschieden, nicht mit der Brauer KG zusammenzuarbeiten). Von Seiten der BüroTec GmbH ist geplant, **nacheinander** mit den Vertretern der beiden Lieferanten zu verhandeln. Eine endgültige Entscheidung soll dann am nächsten Tag getroffen werden.

Preisverhandlung 1			Preisverhandlung 2	
BüroTec GmbH	LINUK GmbH	danach	BüroTec GmbH	Welle GmbH
Frau Rother	Herr Geiger		Frau Rother	Frau Perscher
↑	↑		↑	↑
Gruppe 1	**Gruppe 2**		**Gruppe 3**	**Gruppe 4**

Arbeitshinweise

1. Bereiten Sie sich auf die Verhandlungen vor, indem sie insbesondere folgende Aspekte berücksichtigen:

   - Setzen Sie sich innerhalb der Gruppe ein Verhandlungsziel.
   - Sammeln Sie schriftlich Argumente, um Ihren Standpunkt gegenüber dem potenziellen Vertragspartner vertreten zu können.
   - Bereiten Sie sich auch auf eventuelle Gegenargumente vor.
   - Ordnen sie Ihre Argumente in der Reihenfolge, in der Sie sie verwenden wollen.

2. Wählen Sie einen Gruppensprecher, der die Verhandlungen führt.

3. Die übrigen Gruppenmitglieder haben die Aufgabe, die beiden Verhandlungsrunden mit Hilfe der zur Verfügung stehenden Auswertungsbögen aufmerksam zu beobachten.

Info 1: Rollenkarte – Vertreterin der BüroTec GmbH

Rollenkarte Gruppe 1 & 3

Name: Frau Rother
           Einkäuferin bei der BüroTec GmbH

Informationen:

- Sie erhalten den Auftrag, den Einstandspreis durch geschicktes Verhandeln auf mindestens 580.000,00 € netto zu senken.

- Gelingt dies nicht, sollen die Verhandlungen abgebrochen werden.

- Sie möchten Ihren Abteilungsleiter unbedingt von ihrem Verhandlungsgeschick überzeugen, daher haben Sie sich vorgenommen, einen noch günstigeren Preis zu erzielen.

- Die BüroTec GmbH ist vom Erfolg ihres neuen Sitz-/Steharbeitsplatzes überzeugt, sodass zukünftig mit höheren Bedarfsmengen zu rechnen ist.

Stichworte für die Argumentation

Info 2: Rollenkarte – Vertreter der LINUK GmbH

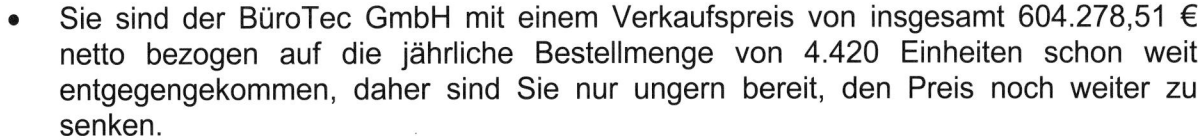

Rollenkarte Gruppe 2

Name: Herr Geiger
             Verkäufer bei der LINUK GmbH

Informationen

- Sie sind der BüroTec GmbH mit einem Verkaufspreis von insgesamt 604.278,51 € netto bezogen auf die jährliche Bestellmenge von 4.420 Einheiten schon weit entgegengekommen, daher sind Sie nur ungern bereit, den Preis noch weiter zu senken.

- Die Selbstkosten für die Hubsäulen mit integriertem Elektromotor liegen insgesamt bei 504.000,00 €, man rechnet bei der LINUK GmbH mit einem branchenüblichen Gewinnzuschlag von ca. 20 % (vereinfacht kann man sagen: Selbstkosten + Gewinn = Verkaufspreis).

- Sie möchten sich Ihrem Abteilungsleiter als erfolgreicher Verkäufer präsentieren, daher versuchen Sie sich als äußerst zäher Verhandlungspartner zu erweisen.

- Ihr Unternehmen hat im letzten Jahr einen großen Kunden verloren, der Insolvenz anmelden musste, daher sind Sie grundsätzlich an neuen Kunden sehr interessiert.

Stichworte für die Argumentation

Info 3: Rollenkarte – Vertreterin der Welle GmbH

Rollenkarte Gruppe 4

Name: Frau Perscher
          Verkäuferin bei der Welle GmbH

Informationen

- Sie haben der BüroTec GmbH mit insgesamt 601.278,24 € netto bezogen auf die jährliche Bestellmenge von 4.420 Einheiten ein gutes Angebot unterbreitet, eine weitere Preissenkung möchten Sie nach Möglichkeit vermeiden.

- Die Selbstkosten für die Hubsäulen mit integriertem Elektromotor liegen insgesamt bei 501.000,00 €, man rechnet bei der Welle GmbH mit einem branchenüblichen Gewinnzuschlag von ca. 20 % (vereinfacht kann man sagen: Selbstkosten + Gewinn = Verkaufspreis).

- Um Ihre Aufstiegschancen zu verbessern, sind Sie sehr an einem guten Abschluss interessiert, daher wollen Sie sich in der Verhandlung als hartnäckige Verkäuferin präsentieren.

- Ihr Unternehmen hat im letzten Jahr aufgrund der schwierigen konjunkturellen Lage hohe Umsatzeinbußen hinnehmen müssen, daher sind Sie grundsätzlich sehr daran interessiert, neue Kunden zu gewinnen.

Stichworte für die Argumentation

Info 4: Auswertungsbogen

Auswertungsbogen

Verhandlungsrunde 1   BüroTec GmbH / LINUK GmbH

Was hat Ihnen gut gefallen?   Was könnte man besser machen?

Verhandlungsrunde 2   BüroTec GmbH / Welle GmbH

Was hat Ihnen gut gefallen?   Was könnte man besser machen?

Lernsituation:

Nach reiflichen Überlegungen hat sich die BüroTec GmbH entschieden, zukünftig mit der LINUK GmbH zusammenzuarbeiten. Am 06.03.0X bestellt Frau Rother die benötigte Antriebstechnik zu den zwei Tage zuvor im Rahmen der Verhandlungen genannten Konditionen. Einen Tag später erhält sie die Bestätigung, dass die Bestellung unverändert angenommen wurde. Unverzüglich trägt sie die Bestellung unter der Bestellnummer 55450 in die bei der BüroTec GmbH geführte Bestelldatei ein.

Einige Tage später, am Nachmittag des 14.03.0X, erhält die BüroTec GmbH durch die von der LINUK GmbH beauftragte Spedition Dachser KG die erwartete Lieferung. Herr Schmidt, Mitarbeiter des Wareneingangs, geht dem Fahrer entgegen.

Herr Schmidt: Guten Morgen, was kann ich für Sie tun?

Herr Mertens: Guten Morgen, Mertens mein Name, ich habe hier eine Lieferung der LINUK GmbH. Wenn Sie die Lieferung bitte auf dem Lieferschein quittieren würden. Ich habe heute noch einige Kunden zu beliefern.

Herr Schmidt: Das kann ich gut verstehen, Herr Mertens. Aber bitte haben Sie Verständnis dafür, dass Sie sich noch etwas gedulden müssen.

Arbeitsaufträge:

1. Nachdem der Frachtführer mit seinem LKW an der entsprechenden Laderampe vorgefahren ist, transportiert Herr Schmidt die 2 angelieferten Paletten zur Wareneingangskontrolle. Die Packstücke machen äußerlich einen unbeschädigten Eindruck. Führen Sie anhand der zur Verfügung stehenden Informationen die **Kontrolle der angelieferten Ware** durch.

2. Stellen Sie die beiden Teilprozesse der **Wareneingangskontrolle** in Form von „Ereignisorientierten Prozessketten (EPK)"[1] grafisch dar. Nutzen Sie hierzu die entsprechenden Vorlagen.

   - EPK 1: Kontrolle der **angelieferten** Ware

   - EPK 2: Kontrolle der **angenommenen** Ware

3. Prüfen Sie, ob im vorliegenden Fall ein rechtsgültiger Kaufvertrag zwischen der BüroTec GmbH und der LINUK GmbH zustande gekommen ist. Begründen Sie ihre Meinung.

4. Beschreiben Sie den möglichen Aufbau einer Bestelldatei und erläutern Sie deren Nutzen für den Einkaufssachbearbeiter.

---

[1] Da bei der Wareneingangskontrolle nur die Abteilungen Einkauf und Lager beteiligt sind, wird aus Gründen der Übersichtlichkeit auf die Organisationssicht verzichtet.

Info 1: Bestellung BüroTec GmbH

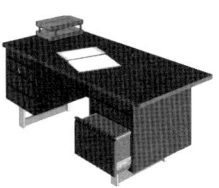

BüroTec GmbH
Moers

BüroTec GmbH ◆ Anglerstraße 34 ◆ 47444 Moers

LINUK GmbH
Finkenweg 7-14
78048 Villingen

Ihr Zeichen, Ihre Nachricht vom	Unser Zeichen, unsere Nachricht vom	Telefon, Name 02841 283-	Datum
Gei, 24.02.0X	Ro	10, Stefanie Rother	06.03.0X

Bestellung 55450

Sehr geehrter Herr Geiger,

gemäß den am 04.03.0X getroffenen Vereinbarungen bestellen wir 4.420 Hubsäulen mit integriertem Elektromotor, Modell Desklift DL3, Bestellnummer 223459, zu einem Einstandspreis von insgesamt 580.000,00 € (Zieleinkaufspreis 579.200,00 € + 800,00 € Transportkosten) zuzüglich 19 % Mehrwertsteuer.

Wir planen mit folgenden Teillieferungen:

März 0X:	1.120 Stück	Juni 0X:	1.100 Stück
September 0X:	1.100 Stück	Dezember 0X:	1.100 Stück

Wir erwarten die erste Lieferung am 14.03.0X. Die übrigen Teillieferungen sollen, in Kenntnis ihrer Lieferzeit von 7 Tagen nach Auftragseingang, bei Bedarf erfolgen.

Ihre Rechnungen begleichen wir innerhalb von 14 Tagen nach Rechnungsdatum mit 2 % Skonto oder 30 Tage netto Kasse.

Wir freuen uns auf eine langfristige Zusammenarbeit.

Mit freundlichem Gruß

BüroTec GmbH

i.A. *Stefanie Rother*

Stefanie Rother

Geschäftsführer:	**Handelsregister:**	**Kommunikation:**	**Bankverbindungen:**	**Finanzamt Moers**
Moritz Schmidt	Amtsgericht Moers	Telefon: 02841 283-0	Sparkasse Moers	Steuernummer:
Michael Schneider	HRB 4415	Telefax: 02841 283-1	Kto. 369990894 BLZ 35050000	12287679943
Petra Peters		E-Mail: info@BüroTec.de	Postbank Moers	Ust-Id-Nummer:
Sitz der Gesellschaft:			Kto. 734899329 BLZ 35040000	DE 811127386
Moers				

Info 2: Lieferschein LINUK GmbH

LINUK GmbH
-improve your life-

LINUK GmbH ◆ Finkenweg 7 - 14 ◆ 78048 Villingen

BüroTec GmbH
Anglerstraße 34
47444 Moers

Lieferschein	
Nummer:	125 276
Versanddatum:	14.03.0X

Ihre Bestell-Nr. 55450	Kunden-Nr. 66 235	Unsere Auftrags-Nr. 256 276	Abteilung Versand
Bestelldatum 06.03.200X	**Lieferung** ab Werk	**Versandart** Spedition Dachser KG	**Telefon** 07721 623-145

Artikel	Bestellmenge	Packstücke	Verpackung
Hubsäule mit integriertem Elektromotor Modell Desklift DL3 Bestellnummer 223459	1.120 Stück	12	2 Paletten

> **Die Ware wurde ordnungsgemäß geliefert!**
> **Datum:**
> **Unterschrift:**

Geschäftsführer: Rotraut Schrutka Manfred Georgi **Sitz der Gesellschaft:** Villingen

Handelsregister: Amtsgericht Villingen HRB 3326

Kommunikation: Telefon: 07721 623-0 Telefax: 07721 623-1 E-Mail: mail@linuk.de

Bankverbindungen: Stadtsparkasse Villingen Kto. 547834842 BLZ 694 500 65

Finanzamt Villingen Steuernummer: 34886324551 USt-Id-Nummer: DE572446932

Info 3: Handbuch Lager

BüroTec GmbH   Kapitel Wareneingangskontrolle

Um zu vermeiden, dass nicht bestellte oder fehlerhafte Waren eingelagert werden, ist es notwendig, eine Wareneingangskontrolle durchzuführen. Die Wareneingangskontrolle vollzieht sich in 2 Schritten:

A. Kontrolle der angelieferten Ware
B. Kontrolle der angenommenen Ware

Zu A.: Kontrolle der angelieferten Ware

Bei der Kontrolle der angelieferten Ware, die in Gegenwart des Frachtführers durchgeführt wird, sind mit Hilfe von Lieferschein und Bestelldurchschlag folgende Aspekte zu prüfen:

Schritt 1: Ist die Ware für uns?

Schritt 2: Haben wir die Ware bestellt?

Schritt 3: Ist der Liefertermin korrekt?

Schritt 4: Stimmt die tatsächliche Zahl der gelieferten Frachtstücke mit der ausgewiesenen Zahl überein?

Schritt 5: Weist die Versandverpackung äußerlich keine Schäden auf?

Ist die Lieferung in Ordnung, kann der Empfang auf dem Lieferschein quittiert werden. Können die drei ersten Fragen nicht positiv beantwortet werden, muss der Einkauf entscheiden, ob die Ware abgelehnt oder die Prüfung fortgesetzt werden soll. Wird die Lieferung abgelehnt, muss dies ebenfalls auf dem Lieferschein quittiert werden. Können die beiden letzten Fragen nicht positiv beantwortet werden, kann der Empfang erst quittiert werden, wenn der Mangel vom Frachtführer auf dem Lieferschein bestätigt wurde.

Wurde die Ware letztlich angenommen, muss sie im nächsten Schritt einer genaueren Prüfung unterzogen werden.

Zu B.: Kontrolle der angenommenen Ware

Die angenommene Ware ist unverzüglich mit Hilfe von Lieferschein, Bestelldurchschlag und Prüfvorschriften auf Mängel zu untersuchen (Beschaffenheit, Falschlieferungen und Minderlieferungen). Bei großen Mengen genügt es, die Ware durch Stichproben zu überprüfen. Ist die Ware einwandfrei, kann der Wareneingangsschein (WE-Schein) erstellt werden, der an den Einkauf und an die Buchhaltung weiterzuleiten ist. Danach ist der Wareneingang im Wareneingangsbuch zu erfassen. Nun kann die Ware eingelagert werden.

Weist die Ware Mängel auf, muss der Einkauf sofort informiert werden. Ist der Einkauf informiert, sind entsprechende Schritte einzuleiten.

Info 4: EPK 1 „Kontrolle der angelieferten Ware"

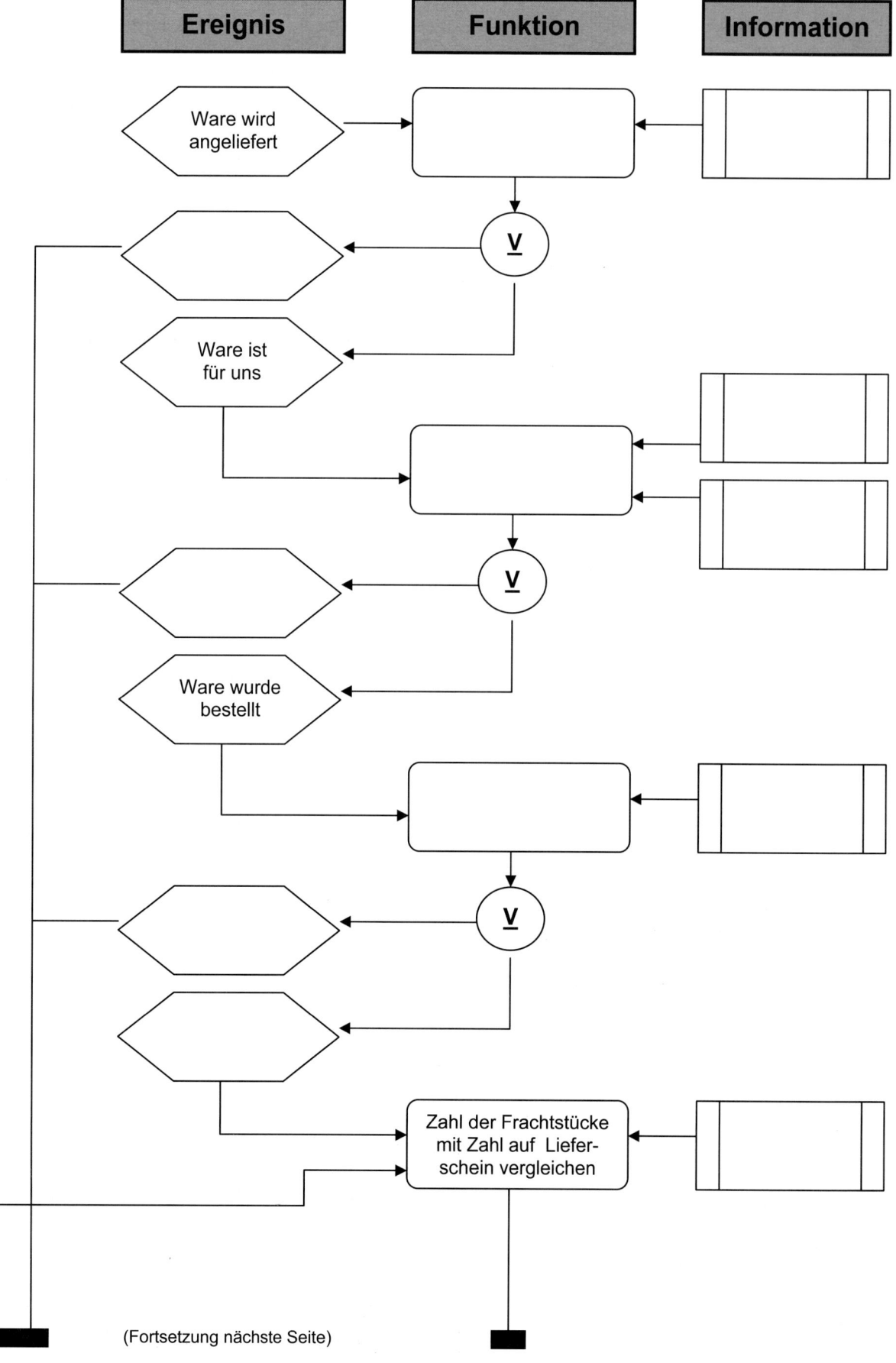

(Fortsetzung nächste Seite)

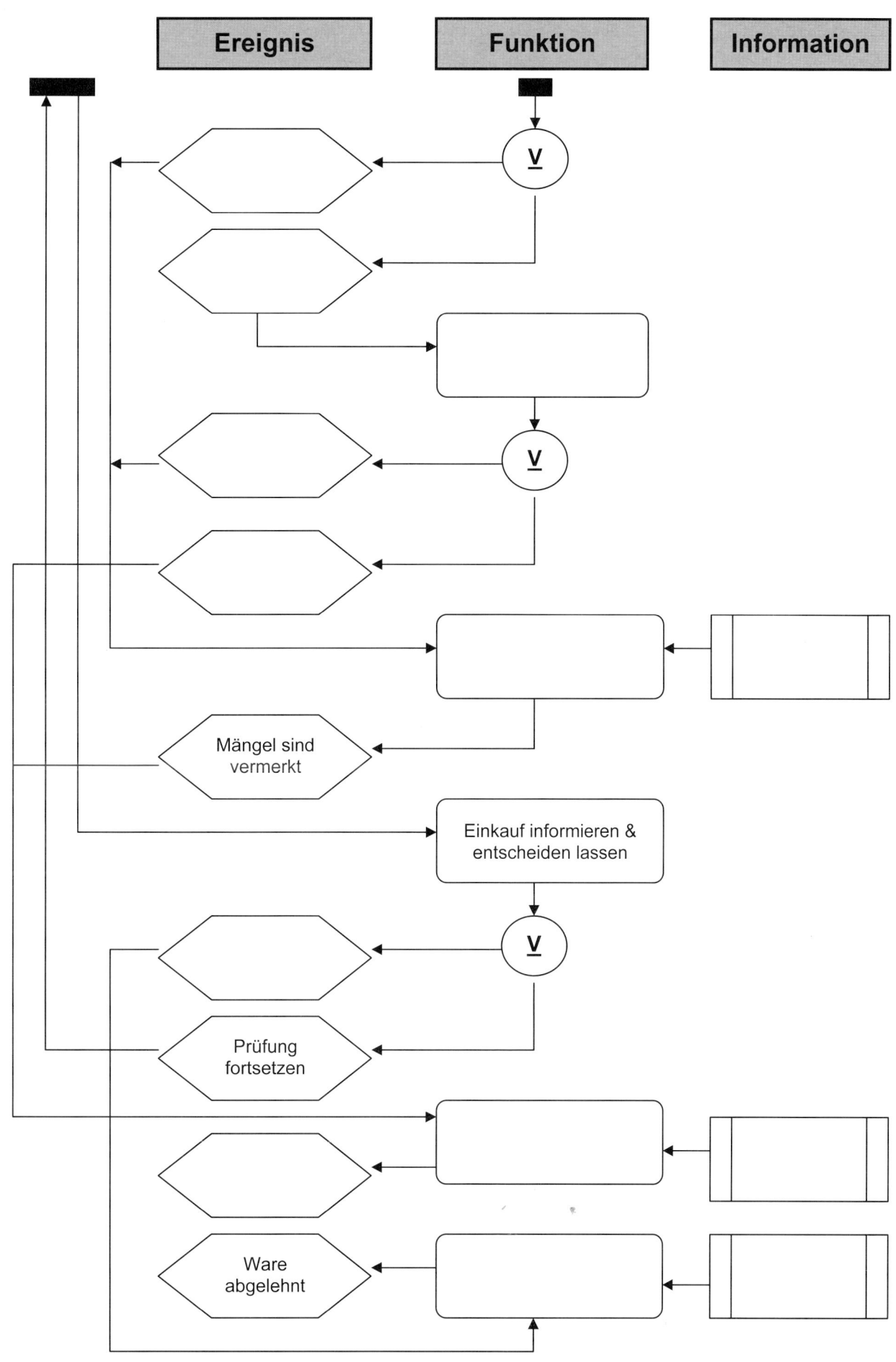

Info 5: EPK 2 „Kontrolle der angenommenen Ware"

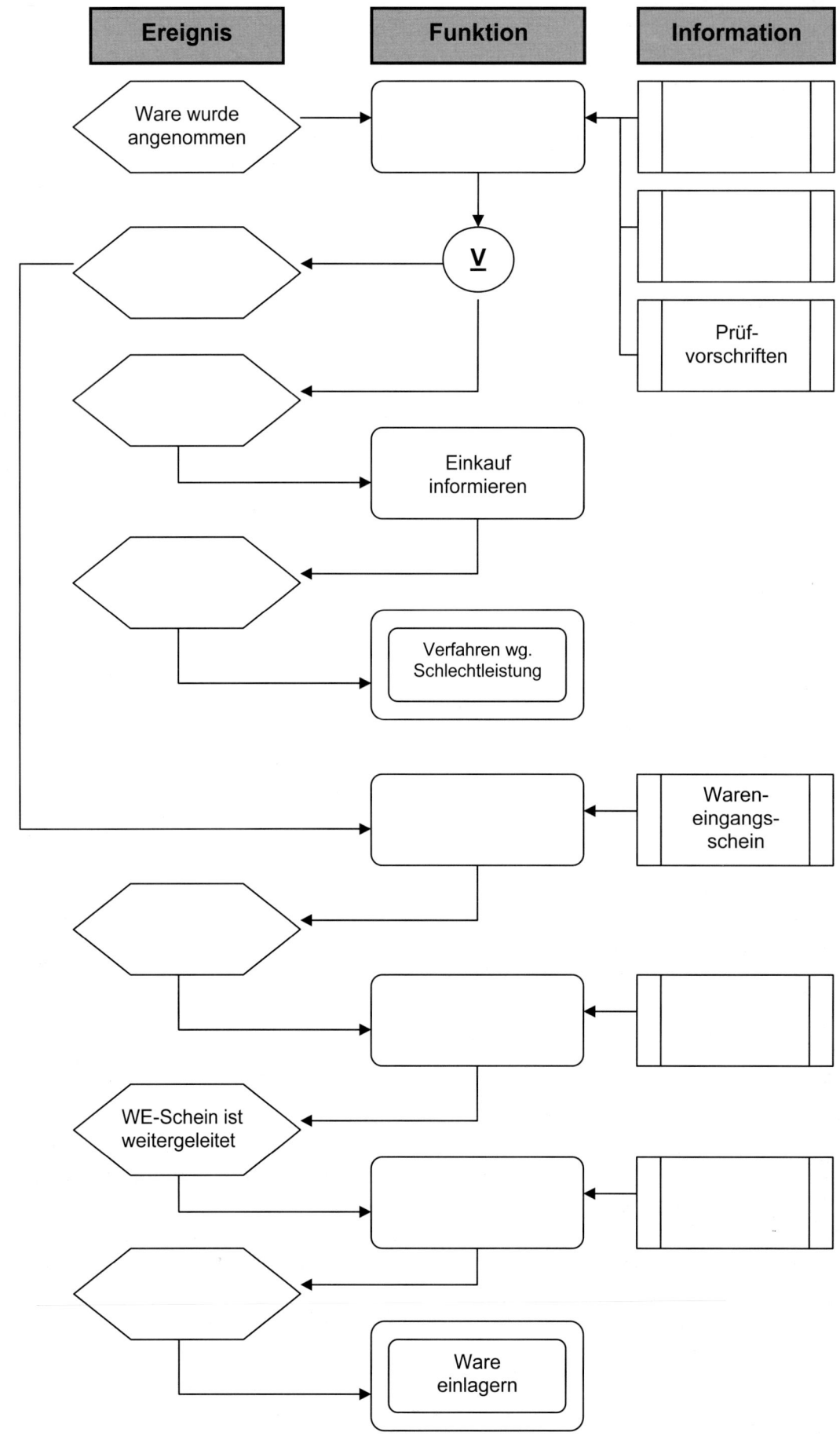

Lernsituation 07	**Ware einlagern**	**Beschaffungs-prozesse**

 Lernsituation:

Nachdem die Wareneingangskontrolle durchgeführt worden ist, können die auf 12 Packstücke verteilten 1.120 Hubsäulen eingelagert werden. Unverzüglich begibt sich Herr Schmidt ans Werk.

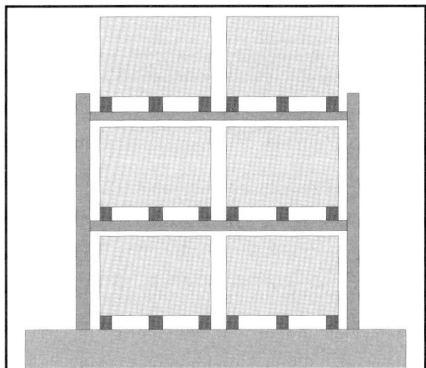

Arbeitsaufträge:

1. Stellen Sie den Prozess „Einlagerung" in Form einer „Ereignisorientierten Prozesskette (EPK)"[1] grafisch dar. Nutzen Sie hierzu die entsprechende Vorlage.

2. Die Einlagerung kann nach dem Prinzip „First in – first out" (Fifo-Verfahren) erfolgen. Das bedeutet, dass jene Ware aus dem Lager entnommen wird, die am längsten im Lager liegt. Aus welchem Grund wird dieses Verfahren häufig angewandt?

3. Die Einlagerung kann auch nach dem Prinzip „Last in – first out" (Lifo-Verfahren) eingelagert werden, d.h., die zuletzt eingelagerte Ware wird zuerst entnommen. Nennen Sie in der Büromöbelbranche verwendete Werkstoffe, die nach diesem Verfahren eingelagert werden können.

4. Bei der BüroTec GmbH wird jedem Werkstoff ein fester Lagerplatz zugeordnet, der nur mit diesem Werkstoff belegt werden darf (Festplatzsystem). Nennen Sie Vor- und Nachteile dieser Form der Lagerorganisation.

5. Beschreiben Sie eine zweite mögliche Form der Lagerorganisation. Gehen Sie auch hier auf Vor- und Nachteile ein.

Info1: Handbuch Lager

BüroTec GmbH   Kapitel Einlagerung

Nach erfolgter Wareneingangskontrolle ist die Ware einzulagern. Im ersten Schritt ist der Warenzugang mit Hilfe des Wareneingangsscheins in der Lagerdatei zu buchen.

Ist dies geschehen, muss mit Hilfe der Lagerplatzdatei der entsprechende Lagerplatz (LP) zugeordnet werden. Wurde der Werkstoff noch nie bestellt, ist ein geeigneter Lagerplatz zu vergeben.

Anschließend wird die Ware zum Lagerplatz transportiert und eingelagert.

---

[1] Da bei der Einlagerung nur die Abteilung Lager beteiligt ist, wird aus Gründen der Übersichtlichkeit auf die Organisationssicht verzichtet.

Info 2: EPK „Einlagerung"

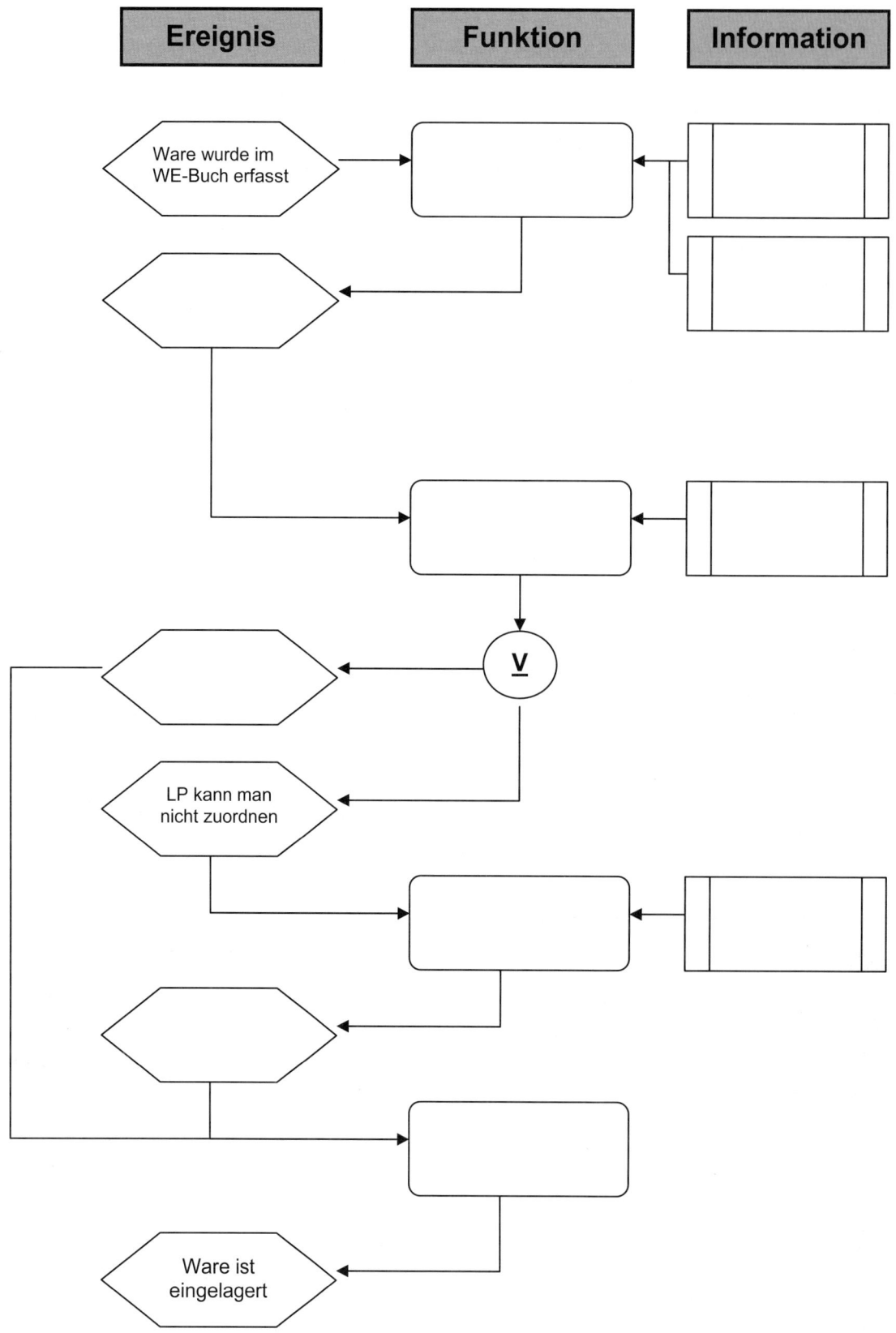

 Lernsituation (Teil A):

Am 16.03.0X, zwei Tage nachdem die Hubsäulen mit integriertem Elektromotor geliefert, angenommen und eingelagert worden sind, erhält die BüroTec GmbH die Rechnung der LINUK GmbH. Sie wird von der Poststelle mit einem Eingangsstempel versehen und an Frau Sebert, Mitarbeiterin der Buchhaltung, weitergeleitet. Sie hat unter anderem die Aufgabe, die Rechnung zu prüfen, bevor sie zur Zahlung angewiesen werden kann.

 Arbeitsaufträge:

1. Stellen Sie den Prozess „Rechnung prüfen, buchen und begleichen" in Form einer „Ereignisorientierten Prozesskette (EPK)"[1] grafisch dar. Nutzen Sie hierzu die entsprechende Vorlage (Info 3).

2. Der BüroTec GmbH steht der zu zahlende Betrag aufgrund von Liquiditätsschwierigkeiten erst zum Ende des Zahlungsziels zur Verfügung.

   Prüfen Sie, ob es sich für die BüroTec GmbH lohnt, einen kurzfristigen Überziehungskredit (Kontokorrentkredit) bei der Hausbank in Anspruch zu nehmen, um Skonto ausnutzen zu können (Zinssatz: 12 % p.a). Gehen Sie hierbei wie folgt vor:

   2.1 Ermitteln Sie den Skontobetrag. Berücksichtigen Sie, dass Bezugskosten nicht skontoabzugsfähig sind und der Skontoabzug daher nicht vom Rechnungsbetrag brutto, sondern vom Bruttowert der Ware berechnet wird.
   2.2 Ermitteln Sie den Überweisungsbetrag unter Ausnutzung von Skonto.
   2.3 Für wie viele Tage muss der Überziehungskredit in Anspruch genommen werden?
   2.4 Berechnen Sie die Zinsen, die der BüroTec GmbH in Rechnung gestellt werden.
   2.5 Treffen Sie eine begründete Entscheidung.

Info 1: Handbuch Buchhaltung

BüroTec GmbH — Kapitel Rechnungsprüfung

Nach Eingang der Rechnung ist diese zu prüfen. Anhand des Wareneingangsscheins lässt sich feststellen, ob die Ware ordnungsgemäß geliefert wurde. Ein Vergleich mit der Bestellung zeigt, ob der in Rechnung gestellte Betrag korrekt ist. Gibt es nichts zu beanstanden, ist die Rechnung als Verbindlichkeit auf dem Kreditorenkonto zu buchen. Im anderen Fall ist die Rechnung zu reklamieren und die Stellungnahme des Lieferanten abzuwarten.

Im Anschluss an den Buchungsvorgang ist die Rechnung an die Zahlstelle weiterzuleiten. Die Zahlstelle hat die Aufgabe, die Rechnung, ggf. unter Ausnutzung von Skonto, zu begleichen.

Im Anschluss daran ist der Zahlungsvorgang auf dem Kreditorenkonto zu buchen.

---

[1] Da hier nur die Abteilung Buchhaltung beteiligt ist, wird aus Gründen der Übersichtlichkeit auf die Organisationssicht verzichtet.

Info 2: Rechnung der LINUK GmbH

LINUK GmbH
-improve your life-

LINUK GmbH ◆ Finkenweg 7 - 14 ◆ 78048 Villingen

BüroTec GmbH
Anglerstraße 34
47444 Moers

Kundennummer	4955
Ihr Bestelldatum	06.03.0X
Lieferschein-Nr.	125 276
Lieferdatum	14.03.0X
Ihr Ansprechpartner	Jürgen Geiger
Telefon	07721 623-75
Datum	14.03.0X

```
EINGEGANGEN AM
16.03.0X
BÜROTEC GMBH
```

Rechnung Nr. 40225

Artikel-bezeichnung	Bestell-nummer	Menge	Einzelpreis	Gesamtpreis
Hubsäule DESKLIFT DL3 mit integriertem Elektromotor	223 459	1.120 St.	154,80 €	173.376,00 €

	- Rabatt	26.610,39 €
	= Nettowert (abzgl. Rabatt)	146.765,61 €
	+ Transport	200,00 €
	= Rechnungsbetrag netto	146.965,61 €
	+ 19 % USt	27.923,47 €
	= **Rechnungsbetrag brutto**	**174.889,08 €**

Bitte überweisen Sie den entsprechenden Betrag innerhalb von 14 Tagen nach Rechnungsdatum mit 2 % Skonto oder 30 Tage netto Kasse.

Mit freundlichem Gruß

LINUK GmbH

i.A. *Jürgen Geiger*

Jürgen Geiger

Geschäftsführer:
Rotraut Schrutka
Manfred Georgi
Sitz der Gesellschaft:
Villingen

Handelsregister:
Amtsgericht Villingen
HRB 3326

Kommunikation:
Telefon: 07721 623-0
Telefax: 07721 623-1
E-Mail: mail@linuk.de

Bankverbindungen:
Stadtsparkasse Villingen
Kto. 547834842
BLZ 694 500 65

Finanzamt Villingen
Steuernummer:
34886324551
USt-Id-Nummer:
DE572446932

Info 3: EPK „Rechnung prüfen, buchen und begleichen"

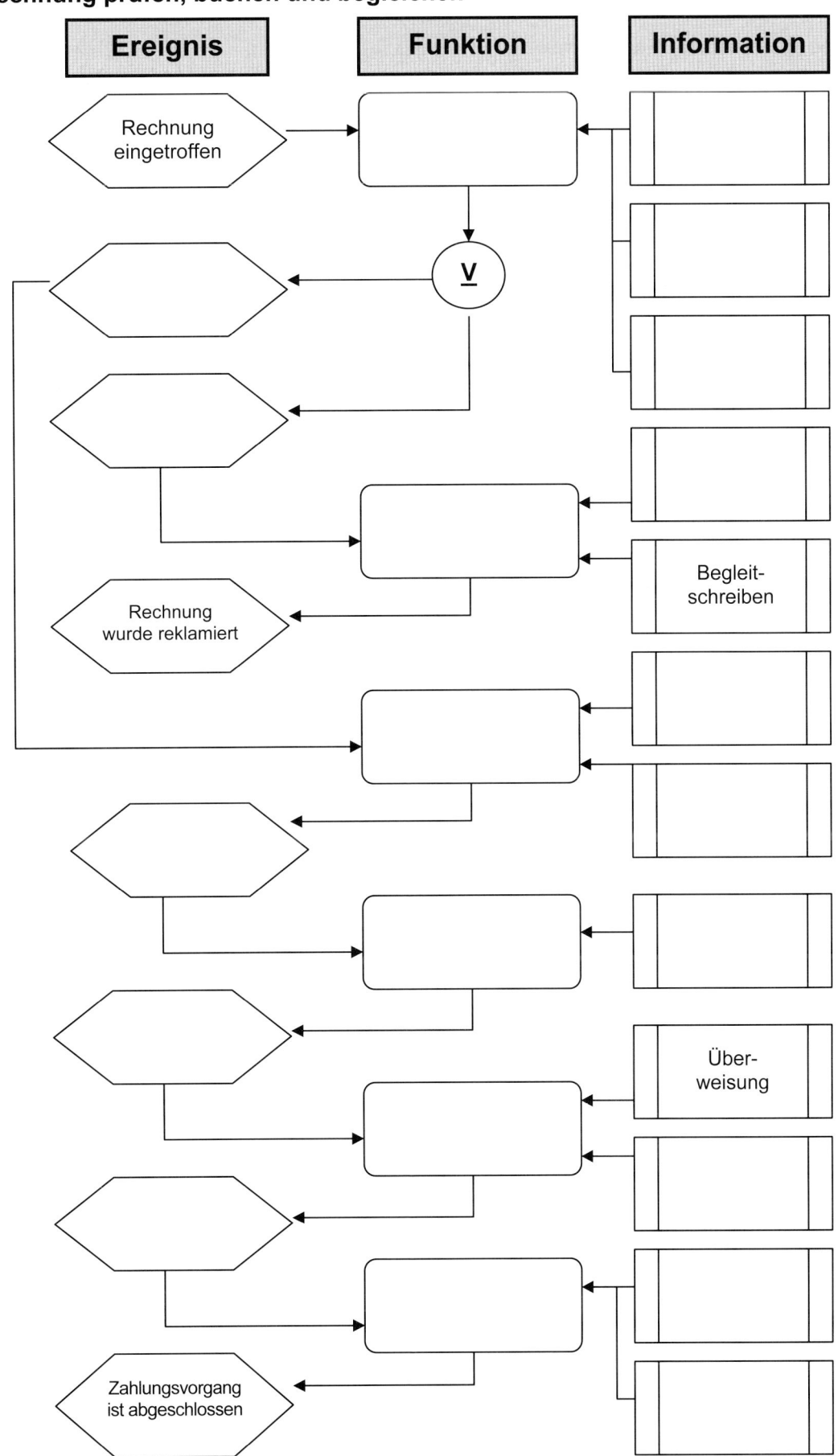

📖 **Lernsituation (Teil B):**

Nachdem Frau Sebert die Rechnung der LINUK GmbH auf sachliche und rechnerische Richtigkeit geprüft und die Rechnung an Frau Gerber, die für die Anweisung der Zahlung zuständig ist, weitergeleitet hat, kümmert sie sich um den Buchungsvorgang.

✒ **Arbeitsaufträge:**

1. Führen Sie sämtliche Buchungen für den vorliegenden Geschäftsvorfall unter folgenden Annahmen durch:

   - Skonto wird genutzt.

   - Am 01.04.0X beginnt man bei der BüroTec GmbH mit der Produktion des neuen Sitz-/Steharbeitsplatzes. Aus diesem Grund werden an diesem Tag Hubsäulen im Wert von 17.000,00 € von der Produktionsabteilung per Materialentnahmeschein vom Lager abgerufen.

   Tragen Sie die Buchungssätze in das Grundbuch ein. Richten Sie die benötigten Konten im Hauptbuch ein und buchen Sie entsprechend (Info 1 und 2).

2. Nehmen Sie alternativ an, die BüroTec GmbH verzichtet auf die Ausnutzung von Skonto. Wie lautet in diesem Fall der Buchungssatz beim Ausgleich der Rechnung?

Kontonr.	Konto	Soll	Haben

3. Frau Gerber, zuständig für die Anweisung der Zahlung, füllt ordnungsgemäß ein Überweisungsformular der Hausbank aus und lässt dieses termingerecht zur Bank bringen, um den Vorgang abzuschließen. Welche anderen Zahlungsmöglichkeiten könnten alternativ genutzt werden?

Alternative Zahlungsmöglichkeiten

⇒ _____

⇒ _____

⇒ _____

⇒ _____

4. Mit der Bezahlung der Rechnung ist der Beschaffungsprozess „von der Bedarfsermittlung bis zum Rechnungsausgleich" abgeschlossen. Verschaffen Sie sich einen Überblick über die im Prozess durchgeführten Tätigkeiten und erstellen Sie eine entsprechende „Ereignisorientierte Prozesskette" (Info 4).

Info 1: Grundbuch

Datum	Kontonummer	Konto	Soll	Haben

Info 2: Hauptbuch

S	H	S	H
S	H	S	H
S	H	S	H
S	H		

Info 3: Handbuch Buchhaltung

BüroTec GmbH   Kapitel Buchungen im Einkauf

1. Grundlagen

Die Kosten für zu beschaffende Werkstoffe werden gemäß folgendem Bezugspreiskalkulationsschema ermittelt.

Bezugspreiskalkulation

```
    Listeneinkaufspreis netto
  - Rabatt (z.B. Mengenrabatt)
  = Zieleinkaufspreis
  - Skonto
  = Bareinkaufspreis
  + Bezugskosten
  = Bezugs- oder Einstandspreis netto
```

Im Folgenden ist zu klären, wie der Einkauf von Werkstoffen buchhalterisch zu erfassen ist.

Bestimmte Rabatte, wie z.B. Mengenrabatt, mindern den Listeneinkaufspreis im Voraus und werden daher buchhalterisch nicht erfasst.

Nachträgliche Preisminderungen, wie z.B. Skonto, können beim Rechnungseingang noch nicht berücksichtigt werden, da sie von in Zukunft liegenden Ereignissen abhängig sind, so z.B. davon, ob Skonto genutzt wird oder nicht. Sie werden daher erst beim Rechnungsausgleich gebucht, und zwar auf einem Unterkonto des jeweiligen Werkstoffkontos.

Fallen Bezugskosten an, wie z.B. Transportkosten, werden diese ebenfalls auf einem Unterkonto des jeweiligen Werkstoffkontos erfasst. Nachträgliche Preisminderungen, wie z.B. Skonto, beziehen sich immer auf den Warenwert. Bezugskosten sind also nicht skontoabzugsfähig.

Am Ende der Abrechnungsperiode werden beide Unterkonten auf das entsprechende Werkstoffkonto umgebucht. Die gesonderte Erfassung erlaubt eine ständige Kontrolle dieser Kosten. Grundsätzlich besteht bezüglich der Bezugskosten jedoch auch die Möglichkeit, direkt auf die entsprechenden Werkstoffkonten zu buchen.

In der Kostenrechnung wird die Vorsteuer beim Einkauf von Werkstoffen als durchlaufender Posten behandelt und daher nicht berücksichtigt. In der Buchhaltung hingegen muss die Vorsteuer erfasst werden, da zunächst der Bruttorechnungsbetrag an den Lieferanten zu überweisen ist, bevor am Ende des Monats die Vorsteuer (Forderung an das Finanzamt) im Rahmen der Ermittlung der Umsatzsteuerzahllast mit der Umsatzsteuer (Verbindlichkeit gegenüber dem Finanzamt) verrechnet wird.

Werden die Werkstoffe zuerst auf Lager gelegt und zu einem späteren Zeitpunkt in der Produktion verarbeitet, wird der Einkauf auf den unten stehenden Bestandskonten der Kontoklasse 2 gebucht. Man spricht in diesem Zusammenhang vom **bestandsorientierten Einkauf**.

2000	**Rohstoffe/Fertigungsmaterial**	**2030**	**Betriebsstoffe**
2001	Bezugskosten	2031	Bezugskosten
2002	Nachlässe	2032	Nachlässe
2010	**Vorprodukte/Fremdbauteile**	**2070**	**Sonstiges Material**
2011	Bezugskosten	2071	Bezugskosten
2012	Nachlässe	2072	Nachlässe
2020	**Hilfsstoffe**	**2280**	**Handelswaren**
2021	Bezugskosten	2281	Bezugskosten
2022	Nachlässe	2282	Nachlässe

Fortsetzung

BüroTec GmbH   Kapitel Buchungen im Einkauf

Werden die Werkstoffe hingegen nicht auf Lager gelegt, sondern sofort in der Produktion verarbeitet (Just-in-time-Fertigung), wird der Einkauf direkt auf den entsprechenden Aufwandskonten der Kontoklasse 6 gebucht, z.B. 6010 Aufwendungen für Fremdbauteile. Man spricht vom **aufwandsorientiertem Einkauf**.

Im Folgenden soll anhand eines Beispiels der **bestandsorientierte Einkauf** näher beschrieben werden. Auf den aufwandsorientierten Einkauf wird in diesem Kapitel nicht näher eingegangen.

Beispiel: Ein Unternehmen kauft am 10.09.0X Rohstoffe zum Listeneinkaufspreis von insgesamt 3.478,26 € netto. Der Lieferant gewährt 8 % Rabatt. Die Transportkosten betragen pauschal 200,00 €. Die Rechnung soll innerhalb von 14 Tagen mit 2 % Skonto oder innerhalb 30 Tage netto Kasse beglichen werden. Am 10.10.0X wird eine Teilmenge im Wert von 800,00 € von der Produktionsabteilung per Materialentnahmeschein abgerufen.

Wie gebucht wird, hängt nun davon ab, ob das Unternehmen Skonto nutzt oder nicht.

2. Buchungen beim Einkauf ohne Ausnutzung von Skonto

A: Berechnungen

Verzichtet man auf die Ausnutzung von Skonto, ist eine anteilige Ausweisung der Umsatzsteuer, wie im unten stehenden Schema dargestellt, eigentlich nicht nötig. Beabsichtigt man jedoch, ein grundlegendes Berechnungsschema zur Verfügung zu stellen (siehe Buchungen beim Einkauf unter Ausnutzung von Skonto), muss die Umsatzsteuer anteilig ausgewiesen werden, da die Bezugskosten nicht skontoabzugsfähig sind und Skonto vom Bruttowert berechnet wird.

Berechnung

	Nettowert Rohstoffe	3.478,26 €
-	Rabatt	278,26 €
=	Nettowert Rohstoffe (abzgl. Rabatt)	3.200,00 €
+	19 % Umsatzsteuer (auf Nettowert abzgl. Rabatt)	608,00 €
=	Bruttowert Rohstoffe	3.808,00 €
-	Skontoabzug	0,00 €
+	Nebenkosten (hier Transport)	200,00 €
+	19 % Umsatzsteuer (auf die Nebenkosten)	38,00 €
=	**Überweisungsbetrag brutto**	**4.046,00 €**

Umsatzsteuer (gesamt): **646,00 €**

B: Buchungen

Schritt 1: Buchung bei Rechnungseingang
Schritt 2: Buchung bei Rechnungsausgleich ohne Ausnutzung von Skonto
Schritt 3: Abruf der Werkstoffe durch die Produktion
Schritt 4: Umbuchung der Bezugskosten am Ende der Abrechnungsperiode

Schritt 1: Buchung bei Rechnungseingang

Kontonr.	Konto	Soll	Haben
2000	Rohstoffe	3200,00 €	
2001	Bezugskosten	200,00 €	
2600	Vorsteuer	646,00 €	
4400	Verbindlichkeiten a. LL		4.046,00 €

Schritt 2: Buchung bei Ausgleich der Rechnung ohne Ausnutzung von Skonto

Kontonr.	Konto	Soll	Haben
4400	Verbindlichkeiten a. LL	4.046,00 €	
2800	Bank		4.046,00 €

Fortsetzung

BüroTec GmbH   Kapitel Buchungen im Einkauf

Schritt 3: Abruf der Werkstoffe durch die Produktion

Der Materialverbrauch am 10.10. wird anhand der Materialentnahmescheine auf die zugehörigen Aufwandskonten der Kontoklasse 6 umgebucht.

Kontonr.	Konto	Soll	Haben
6000	Aufwendungen für Rohstoffe	800,00 €	
2000	Rohstoffe		800,00 €

Schritt 4: Umbuchung der Bezugskosten am Ende der Abrechnungsperiode

Am Ende der Abrechnungsperiode (hier 31.12.) werden die Bezugskosten auf das Konto Rohstoffe umgebucht.

Kontonr.	Konto	Soll	Haben
2000	Rohstoffe	200,00 €	
2001	Bezugskosten		200,00 €

3. Buchungen beim Einkauf unter Ausnutzung von Skonto

Der Buchungsvorgang unter Ausnutzung von Skonto ist ungleich komplizierter.

A: Berechnungen

Beim Rechnungsausgleich ist der Bruttobetrag zu überweisen. Skonto ist vom Bruttowert abzuziehen, wobei zu berücksichtigen ist, dass die Bezugskosten nicht skontoabzugsfähig sind (Berechnung 1). Darüber hinaus sind nach Ausgleich der Rechnung unter Ausnutzung von Skonto die Konten Rohstoffe und Vorsteuer zu korrigieren, da ja beim Rechnungseingang ein Skontoabzug noch nicht berücksichtigt werden konnte (Berechnung 2).

Berechnung 1

Nettowert Rohstoffe	3.478,26 €	
- Rabatt	278,26 €	
= Nettowert Rohstoffe (abzgl. Rabatt)	3.200,00 €	
+ 19 % Umsatzsteuer (auf Nettowert abzgl. Rabatt)	608,00 €	Umsatzsteuer
= Bruttowert Rohstoffe	3.808,00 €	(gesamt):
- Skontoabzug	76,16 €	
+ Nebenkosten (hier Transport)	200,00 €	**646,00 €**
+ 19 % Umsatzsteuer (auf die Nebenkosten)	38,00 €	
= Überweisungsbetrag brutto	**3.969,84 €**	

Berechnung 2

Rohstoffkorrektur $\dfrac{\text{Skontoabzug} \cdot 100}{119}$ $\dfrac{76,16 \cdot 100}{119}$ $= 64,00 €$

Vorsteuerkorrektur $\dfrac{\text{Skontoabzug} \cdot 19}{119}$ $\dfrac{76,16 \cdot 19}{119}$ $= 12,16 €$

      76,16 €

B: Buchungen

Schritt 1: Buchung bei Rechnungseingang
Schritt 2: Buchung bei Rechnungsausgleich unter Ausnutzung von Skonto
Schritt 3: Korrektur der Vorsteuer (Umbuchung am Ende des Monats)

Fortsetzung

BüroTec GmbH   Kapitel Buchungen im Einkauf

Schritt 4: Abruf der Werkstoffe durch die Produktion
Schritt 5: Korrektur der Rohstoffe (Umbuchung am Ende der Abrechnungsperiode)
Schritt 6: Umbuchung der Bezugskosten am Ende der Abrechnungsperiode

Schritt 1: Buchung bei Rechnungseingang

Die Buchung bei Rechnungseingang entspricht der Buchung beim Einkauf ohne Ausnutzung von Skonto.

Kontonr.	Konto	Soll	Haben
2000	Rohstoffe	3200,00 €	
2001	Bezugskosten	200,00 €	
2600	Vorsteuer	646,00 €	
4400	Verbindlichkeiten a. LL		4.046,00 €

Schritt 2: Buchung bei Ausgleich der Rechnung unter Ausnutzung von Skonto

Beim Rechnungsausgleich unter Ausnutzung von Skonto wird in der Praxis bevorzugt das Bruttobuchungsverfahren angewendet. Hierbei wird der Skontoabzug zunächst als Nachlass gebucht und später in Rohstoff- und Vorsteueranteil aufgeteilt. Eine weitere denkbare Alternative, das Nettobuchungsverfahren, wird an dieser Stelle nicht näher beschrieben.

Kontonr.	Konto	Soll	Haben
4400	Verbindlichkeiten a. LL	4.046,00 €	
2002	Nachlässe für Rohstoffe		76,16 €
2800	Bank		3.969,84 €

Schritt 3: Korrektur der Vorsteuer (Umbuchung am Ende des Monats)

Am Ende des Monats – bei der Ermittlung der Zahllast – wird der Vorsteueranteil umgebucht.

Kontonr.	Konto	Soll	Haben
2002	Nachlässe für Rohstoffe	12,16 €	
2600	Vorsteuer		12,16 €

Schritt 4: Abruf der Werkstoffe durch die Produktion

Wie beim Einkauf ohne Ausnutzung von Skonto wird der Materialverbrauch am 10.10. anhand der Materialentnahmescheine auf die zugehörigen Aufwandskonten (Kontoklasse 6) umgebucht.

Kontonr.	Konto	Soll	Haben
6000	Aufwendungen für Rohstoffe	800,00 €	
2000	Rohstoffe		800,00 €

Schritt 5: Korrektur der Rohstoffe (Umbuchung am Ende der Abrechnungsperiode)

Am Ende der Abrechnungsperiode (hier 31.12.) wird die Korrektur der Rohstoffe umgebucht.

Kontonr.	Konto	Soll	Haben
2002	Nachlässe für Rohstoffe	64,00 €	
2000	Rohstoffe		64,00 €

Schritt 6: Umbuchung der Bezugskosten am Ende der Abrechnungsperiode

Wie beim Einkauf ohne Ausnutzung von Skonto werden am Ende der Abrechnungsperiode (hier 31.12.) die Bezugskosten auf das Konto Rohstoffe umgebucht.

Kontonr.	Konto	Soll	Haben
2000	Rohstoffe	200,00 €	
2001	Bezugskosten		200,00 €

Info 4: EPK „Gesamtüberblick"

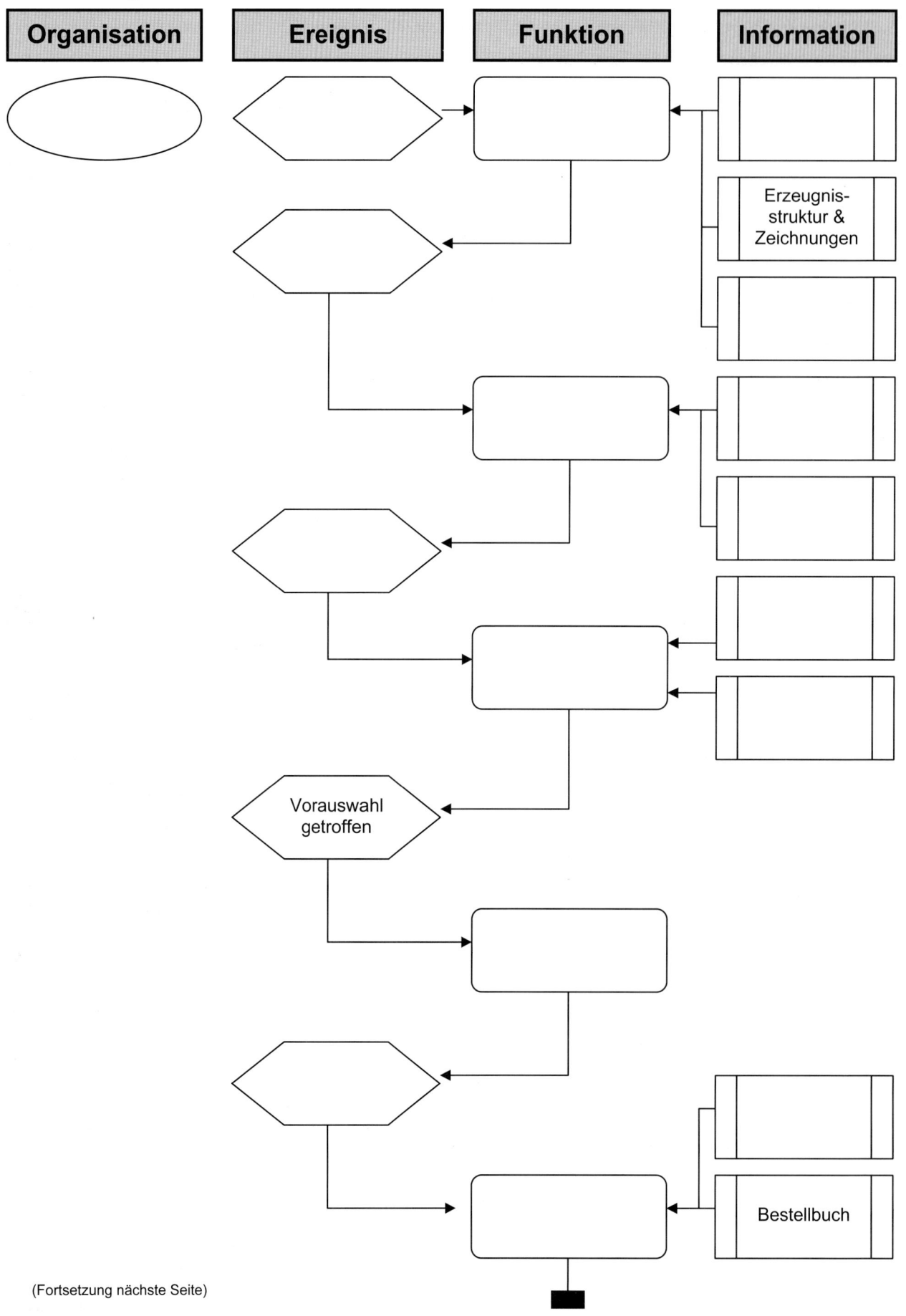

(Fortsetzung nächste Seite)

Organisation	Ereignis	Funktion	Information

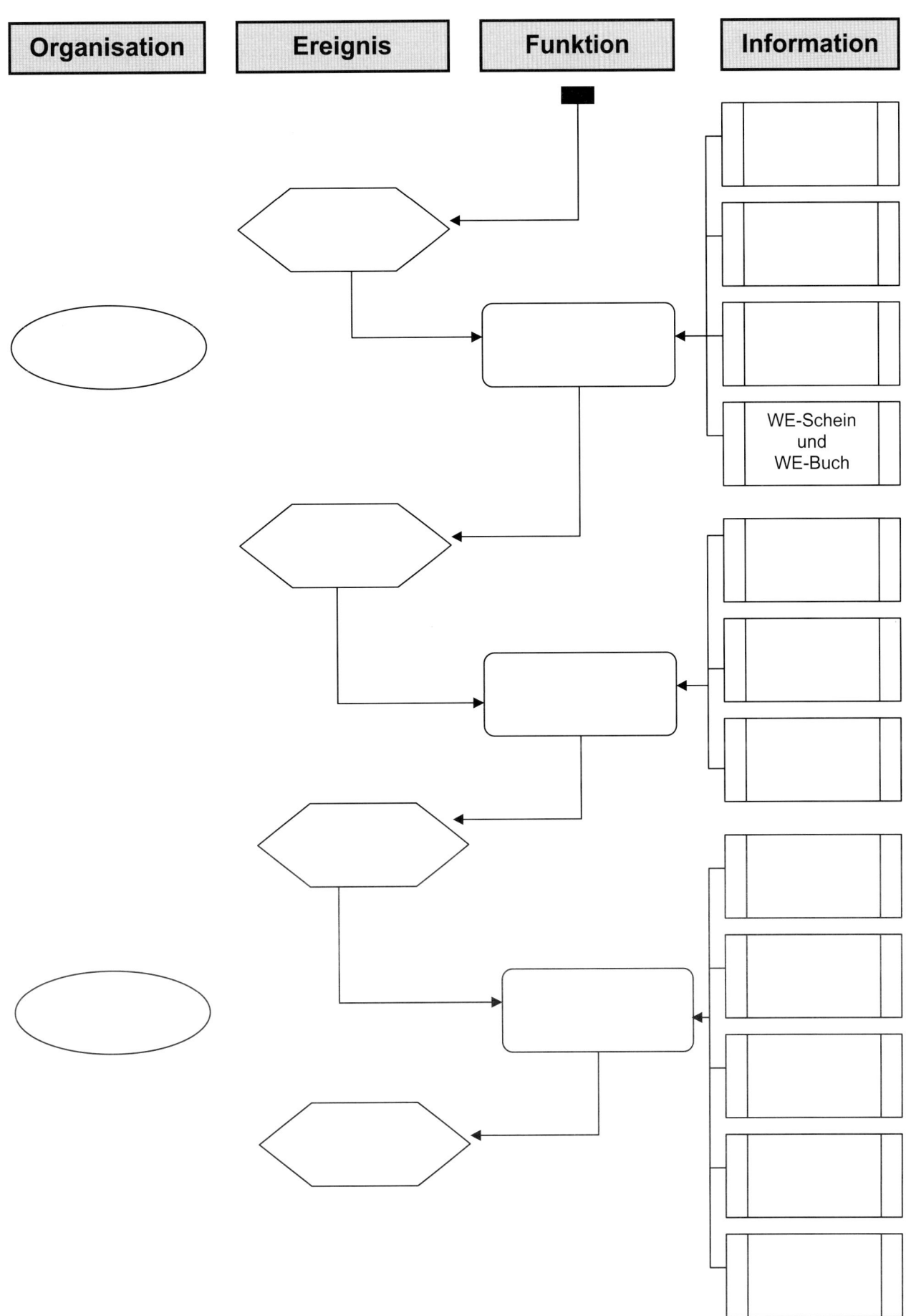

WE-Schein
und
WE-Buch

Lernsituation:

Die BüroTec GmbH benötigt für ihre Schreibtische Holzplatten, die in der Fertigung zu Arbeitsplatten weiterverarbeitet werden. Aufgrund ihrer Anfrage erhält die BüroTec GmbH auf dem Postweg ein Angebot der Holz Becker KG. Nach eingehender Prüfung des Angebots schickt Herr Starke, Mitarbeiter der Einkaufsabteilung, eine Bestellung an die Holz Becker KG.

Arbeitsaufträge:

1. Beurteilen Sie anhand von Angebot und Bestellung (Info 1 und 2), ob im vorliegenden Fall ein Kaufvertrag zwischen der Holz Becker KG und der BüroTec GmbH zustande gekommen ist. Nutzen Sie hierzu auch das Informationsmaterial unter Info 3.

2. Vervollständigen Sie das nachfolgende Schaubild:

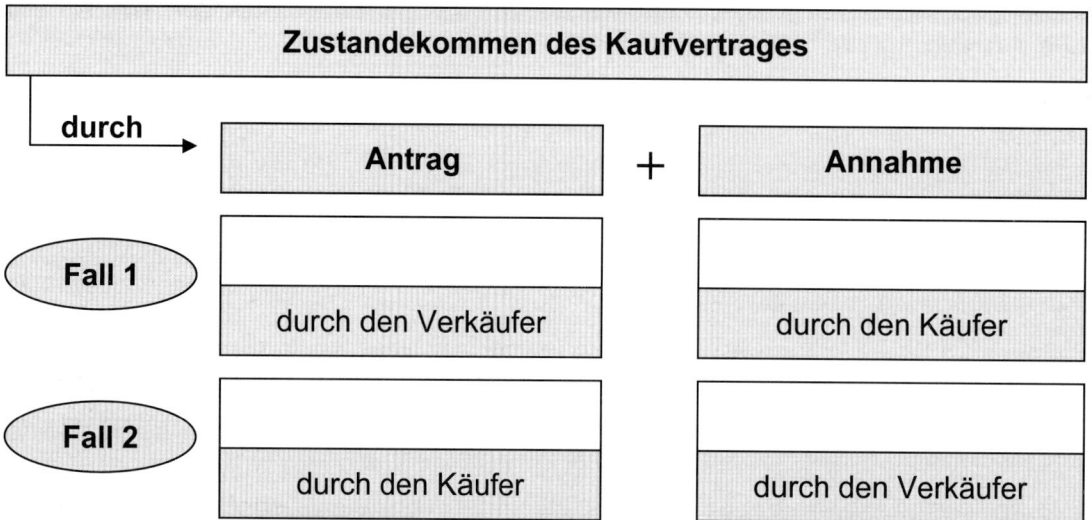

3. Prüfen Sie, ob in folgenden Fällen ein Kaufvertrag zustande gekommen ist, und begründen Sie Ihre Auffassung. Verwenden Sie hierzu die Vorlage aus Info 4.

Fall A: Die BüroTec GmbH benötigt zur Produktion ihrer Büromöbel große Mengen Metalllacke. Aus diesem Grund wurden Anfragen an verschiedene Lacklieferanten mit der Bitte um Abgabe eines Angebots verschickt. Nach eingehender Prüfung der rechtlich verbindlichen Angebote, die auf dem Postweg am 20.05.0X bei der BüroTec GmbH eingegangen sind, bestellt die BüroTec GmbH am 22.05.0X bei der Baumann OHG 200 l Metalllack zu deren Konditionen.

Fall B: Die Pro Bike KG benötigt zur Produktion ihrer Mountainbikes 600 Reifen Typ MX 0822. Aufgrund einer diesbezüglichen Anfrage unterbreitet der Reifenhersteller Roll-on AG am 26.08.0X per Telefax ein Angebot ohne Obligo. Einverstanden mit dem Preis und den übrigen Konditionen geht die Bestellung zwei Tage später per E-Mail raus. Kurze Zeit später teilt die Roll-on AG telefonisch mit, dass die Reifen aufgrund gestiegener Lohnkosten nur zu einem um 10 % höheren Preis verkauft werden können.

Fall C: Herr Bäumer, Einkaufssachbearbeiter der BüroTec GmbH, bestellt am 10.09.0X beim Moerser Möbelhaus Krüger OHG per Katalog eine Schlafcouch zum Preis von 1.500,00 € inkl. Lieferung und Montage. Die Lieferzeit soll 6 Wochen betragen. Vier Tage später erhält Herr Bäumer telefonisch die Nachricht, dass die Schlafcouch aus dem Sortiment herausgenommen wurde und daher nicht mehr geliefert werden kann.

Fall D: Herr Hermann, bei der BüroTec GmbH zuständig für die Reklamationsabwicklung, bestellt am 20.03.0X beim Fachbuchhändler Kruse e.K. im Internet die aktuelle Ausgabe des BGB. Am 22.03.0X wird das Buch mangelfrei geliefert.

Fall E: Die BüroTec GmbH unterbreitet einem ihrer Stammkunden, der Heinzmann KG, am 15.03.0X ein rechtlich verbindliches Angebot über die Lieferung von 40 Schreibtischen inkl. passender Bürostühle zum Vorzugspreis von insgesamt 40.000,00 €. Die Lieferung könnte frei Haus innerhalb der nächsten zwei Wochen erfolgen. Das Angebot ist bis Ende April gültig. Am 10.04.0X bestellt die Heinzmann KG die angebotenen Büromöbel zu einem Preis von 36.000,00 €, da sie als Stammkunde einen Treuerabatt von 10 % als angemessen betrachtet.

Fall F: Die BüroTec GmbH benötigt für die Herstellung ihrer Büroschränke Scharniere. Aufgrund einer dementsprechenden Anfrage erhält die BüroTec GmbH am 10.02.0X ein rechtlich verbindliches Angebot von der Gruber OHG per E-Mail. Nach intensiver Prüfung des Angebots bestellt die BüroTec GmbH am 20.02.0X per Telefax 2.000 Scharniere zu den angebotenen Konditionen.

Fall G: Herr Rossmann, Fertigungsmitarbeiter der BüroTec GmbH, trägt sich mit dem Gedanken, ein gebrauchtes Motorrad zu kaufen. Im Anzeigenteil der NRZ liest er, dass Herr Flatten seine BMW zum Preis von 8.000,00 € anbietet. In einem Telefongespräch bestätigt Herr Flatten den Preis und schwärmt in höchsten Tönen von dem technischen Zustand der Maschine. Herr Rossmann vereinbart mit Herrn Flatten eine Probefahrt für den nächsten Nachmittag. Obwohl von der BMW sehr angetan, möchte sich Herr Rossmann die Sache noch einige Tage durch den Kopf gehen lassen. Zwei Tage später ruft er bei Herrn Flatten an und teilt ihm mit, dass er das Angebot annimmt. Herr Flatten hat es sich jedoch in der Zwischenzeit anders überlegt. Er möchte das Motorrad nun nur noch zu einem Preis von 9.000,00 € verkaufen.

Fall H: Die BüroTec GmbH bestellt versehentlich am 12.08.0X per Brief 10.000 Schrauben bei der Bullmann KG. Eigentlich sollten die Schrauben von ihrem Stammlieferanten, der Bauer KG, bezogen werden. Noch am gleichen Tag informiert Herr Meier, der zuständige Einkaufssachbearbeiter der BüroTec GmbH, per E-Mail die Bullmann KG über das Missverständnis.

Fall I: Herr Pudenz, Leiter der Fertigungsabteilung, bestellt am 15.09.0X im Internet bei der Musikhaus Merz OHG eine neue E-Gitarre im Wert von 500,00 €. Vereinbarungsgemäß wird die Ware am 05.10.0X geliefert. Am 07.10.0X erfährt Herr Pudenz, dass die gleiche Gitarre beim Moerser Musikhändler Schinke e.K. zu einem Sonderpreis von 420,00 € angeboten wird. Kann Herr Pudenz die noch originalverpackte E-Gitarre an das Musikhaus Merz OHG zurückschicken?

Fall J: Herr Steiner, Verkaufssachbearbeiter der BüroTec GmbH, ist langjähriger Kunde der Finke KG, einem CD-Versandhandel im Internet. Am 08.05.0X bekommt Herr Steiner unaufgefordert 5 CDs zum Vorzugspreis von 120,00 € zugeschickt. Bei Nichtgefallen sollen die CDs auf dem Postweg zurückgeschickt werden. Herr Steiner hört die CDs einige Male durch und sortiert sie dann in sein CD-Regal. Nach zwei Monaten erhält Herr Steiner eine Aufforderung zum Begleichen der Rechnung.

4. Bearbeiten Sie die nachfolgenden Aufgaben zum Kaufvertrag.

4.1 Verpflichtungs- und Erfüllungsgeschäft

Worum handelt es sich in den folgenden Fällen?

1 = Antrag (Verpflichtungsgeschäft Teil 1)
2 = Annahme (Verpflichtungsgeschäft Teil 2)
3 = Vertragserfüllung durch den Verkäufer (Erfüllungsgeschäft Teil 1)
4 = Vertragserfüllung durch den Käufer (Erfüllungsgeschäft Teil 2)
5 = kein Bestandteil des Kaufvertrages

Mehrere kontaktierte Unternehmen unterbreiten der BüroTec GmbH rechtlich verbindliche und aussagekräftige Angebote.	
Die BüroTec GmbH begleicht die Rechnung der Metallwerke Duisburg GmbH vereinbarungsgemäß vier Wochen nach Lieferung netto Kasse.	
Nach gründlicher Prüfung bestellt die BüroTec GmbH bei der Metallwerke Duisburg GmbH Metallrohre zu den im Angebot aufgeführten Konditionen.	
Die Metallrohre werden von der Metallwerke Duisburg GmbH vertragsgemäß drei Wochen nach Auftragseingang bei der BüroTec GmbH angeliefert.	
Die BüroTec GmbH fragt bei verschiedenen Unternehmen, die Metallrohre vertreiben, Preise, Lieferzeiten sowie Lieferungs- und Zahlungsbedingungen ab.	

4.2 Antrag und Annahme

Worum handelt es sich bei den aufgeführten Sachverhalten?

Spalte A:

1 = Antrag des Käufers
2 = Antrag des Verkäufers
3 = kein Antrag

Spalte B:

1 = Annahme durch den Käufer
2 = Annahme durch den Verkäufer
3 = keine Annahme

	A	B
Sebastian Koch bestellt bei Motorrad Jansen e.K. eine Motorradjacke aus einem Katalog. Die Jacke wird vier Tage später geliefert.		
Die Metz KG erhält von der SD Bürobedarf OHG, mit der man seit Jahren gute Geschäftsbeziehungen pflegt, unaufgefordert ein Paket mit Büromaterial, das zwei Tage später in Gebrauch genommen wird.		
Die Heinzmann KG bestellt bei der SWD GmbH ohne vorhergehendes Angebot 200 l Schmieröl in 10-l-Gebinden zum Preis der letzten Bestellung. Die SWD GmbH bestätigt die Bestellung zu einem um 5 % höheren Preis.		
Die Meier KG schickt der Steinmann OHG ein freibleibendes Angebot über zwei Drehmaschinen. Die Steinmann OHG bestellt drei Tage später zu den genannten Konditionen.		
Die Baumann AG erhält am 10.03.0X von der CT Computer GmbH per Telefax ein Sonderangebot über die Lieferung von 10 Notebooks. Zwei Wochen später entschließt sich die Baumann AG, das Angebot anzunehmen.		
Die Klein OHG bestellt bei RG Kommunikationssysteme UG (haftungsbeschränkt) per Katalog ein Faxgerät zur sofortigen Lieferung. Die Bestellung wird unter Hinweis auf einen späteren Liefertermin bestätigt.		
Die BüroTec GmbH erhält von der Salzgitter Metallwerke AG per E-Mail ein rechtlich verbindliches Angebot. Noch am gleichen Tag bestellt die BüroTec GmbH per E-Mail die Metallrohre zu den im Angebot genannten Konditionen.		

4.3 Besondere Kaufvertragsarten I

Um welche Kaufvertragsart handelt es sich in den vorliegenden Fällen?

1 = Kauf nach Probe	3 = Kauf zur Probe	5 = Ramschkauf	7 = Stückkauf
2 = Kauf auf Probe	4 = Bestimmungskauf	6 = Gattungskauf	

Aufgrund von Liquiditätsproblemen muss Herr Müller sein Haushaltswarengeschäft auflösen. Herr Gramse, Geschäftsführer der Gramse Schnäppchenmarkt GmbH, kauft den kompletten Waren-bestand für 12.000,00 €.	
Die BüroTec GmbH kauft bei der FAG Kopiersysteme OHG vier leistungsstarke Kopiergeräte. Im Kaufvertrag wird ein 14-tägiges Rückgaberecht vereinbart, falls die Kopiergeräte nicht den Erwartungen entsprechen.	
Die Maschinenfabrik Meier GmbH fertigt nach individuellen Wünschen der BüroTec GmbH eine spezielle Fräsmaschine. Die Fräse wird in Einzelfertigung hergestellt. Aufgrund der aufwendigen Fertigung beträgt die Lieferzeit sechs Monate.	
Die Schickmann AG gibt Anfang Januar bei ihrem chinesischen Lieferanten 5.000 T-Shirts mit V-Ausschnitt zur Lieferung im Mai in Auftrag. Die genauen Größen und Farben sollen Ende März mitgeteilt werden.	
Die BüroTec GmbH ist mit ihrem derzeitigen Lacklieferanten unzufrieden. Daher kauft man bei der Weber OHG eine kleinere Menge Metalllack, um diesen ausgiebig zu testen. Von dem Ergebnis ist man sehr angetan. Der Metalllack soll zukünftig bei der Weber OHG bestellt werden.	
Die Bauer Chemie AG bestellt bei der BüroTec GmbH Standardschreibtische inkl. passender Büro-stühle für die beiden Standorte Köln und Mannheim. Die in Serie gefertigten Büromöbel liegen auf Lager und sind innerhalb von 3 Tagen lieferbar. Der Warenwert beträgt insgesamt 200.000,00 €.	
Die Förster Bürobedarf KG hat der BüroTec GmbH unentgeltlich mehrere Pakete Kopierfolien zur Verfügung gestellt. Nach eingehender Prüfung hat sich die BüroTec GmbH entschieden, zukünftig den gesamten Jahresbedarf an Kopierfolien bei diesem Lieferanten zu beziehen.	

4.4 Besondere Kaufvertragsarten II

Um welche Kaufvertragsart handelt es sich in den vorliegenden Fällen?

1 = Sofortkauf	3 = Ratenkauf	5 = Kauf auf Abruf	7 = Zielkauf
2 = Terminkauf	4 = Fixkauf	6 = Barkauf	

Herr Driemer kauft in einem großen Elektronikfachgeschäft einen LCD-Flachbildschirm inkl. Dolby-Surround-Anlage im Wert von 1.800,00 €. Die Geräte werden von Herrn Driemer an der Kasse bar bezahlt.	
Herr Steinke kauft bei einem Autohändler einen gebrauchten Pkw im Wert von 10.000,00 €. Herr Steinke leistet eine Anzahlung in Höhe von 4.600,00 €. Der Restbetrag soll über 3 Jahre in gleich bleibenden monatlichen Zahlungen in Höhe von 150,00 € beglichen werden.	
Die Braun AG bestellt bei der BüroTec GmbH Büromöbel im Wert von 300.000,00 €. Die Möbel sind für die Verwaltung am Standort Stuttgart bestimmt. Die Rechnung ist drei Monate nach Lieferung zu begleichen.	
Die BüroTec GmbH bestellt am 20. November 200X bei der Schrauben Guthoff KG ihren gesamten Jahresbedarf an Schrauben für das kommende Jahr. Die Teillieferungen sollen jeweils zu Beginn eines Quartals erfolgen.	
Die GDS Computerservice AG bestellt bei der Glaser KG für die CEBIT-Messe in Hannover Messeeinrichtungsgegenstände, wie z.B. Stellwände, Stehtische und Hocker. Der Gesamtwert beträgt 6.000,00 €. Der Liefertermin ist der 20. September 200X fix.	
Die TKS Steel AG verkauft an einen großen Automobilhersteller Stahlbleche für den Karosseriebau. Der Warenwert beträgt 800.000,00 €. Die Stahlbleche sollen in der 26. Kalenderwoche 200X geliefert werden.	
Schreinermeister Müller bestellt bei der Vogt Holzfabrik KG im Schwarzwald Holz im Wert von 6.000,00 €. Das Holz soll zu individuellen Schränken verarbeitet werden. Als Liefertermin wurde „Lieferung sofort" vereinbart.	

Info 1: Angebot

Holz Becker KG

Datum 25.04.0X

Holz Becker KG ◆ Klausenstraße 55 ◆ 74389 Freudenstadt

BüroTec GmbH
Anglerstraße 34
47444 Moers

Ihr Zeichen, Ihre Nachricht vom	Unser Zeichen, unsere Nachricht vom	Telefon, Name 07441 5560-
Ro, 22.04.0X	Ru	44, Jan Rudolf

Angebot Holzplatten

Sehr geehrte Frau Rother,

wir bedanken uns für Ihr Schreiben vom 22.04.0X und freuen uns, Ihnen einen entsprechenden Artikel anbieten zu können.

Holzplatte, Buche massiv (Maße: 2000 mm x 1200 mm x 20 mm)
Bestellnr. 102-858-94

Listenverkaufspreis (netto): 132,50 € je Stück inkl. Verpackung zzgl. 19 % USt

Ab 500 Stück gewähren wir einen Mengenrabatt von 12 %. Die Lieferung erfolgt frei Haus. Die Lieferzeit beträgt 14 Tage nach Auftragseingang. Das Angebot ist bis zum 30.06.0X gültig oder solange der Vorrat reicht. Unsere Rechnungen sind innerhalb von 14 Tagen nach Rechnungsdatum mit 3 % Skonto oder 30 Tage netto Kasse zu begleichen.

Wir würden uns freuen, Sie als neuen Kunden begrüßen zu dürfen.

Mit freundlichem Gruß

Holz Becker KG

i.A. *Jan Rudolf*

Jan Rudolf

Geschäftsführung
Peter Becker
Klaus Eigner
Stz der Gesellschaft:
Freudenstadt

Handelsregister:
Amtsgericht Freudenstadt
HRA 4568

Kommunikation:
Telefon: 07441 5560-0
Telefax: 07441 5560-1
E-Mail: info@holzbecker.de

Bankverbindungen:
Dresdner Bank Freudenstadt
Kto. 148835642 BLZ 600 800 00
Deutsche Bank Freudenstadt
Kto. 323686136 BLZ 640 700 85

Finanzamt HN
Steuernummer:
62456325933
USt-Id-Nummer
DE 516127385

Info 2: Bestellung

BüroTec GmbH
Moers

Datum 28.04.0X

BüroTec GmbH ◆ Anglerstraße 34 ◆ 47444 Moers

Holz Becker KG
Klausenstraße 55
74389 Freudenstadt

Ihr Zeichen, Ihre Nachricht vom	Unser Zeichen, unsere Nachricht vom	Telefon, Name 02841 283-
Ru, 25.04.0X	Ro	10, Stefanie Rother

Bestellung 57344

Sehr geehrter Herr Rudolf,

gemäß Ihrem Angebot vom 25.04.0X bestellen wir 600 Holzplatten Buche massiv (Bestellnr. 102-858-94) mit den Maßen 2000 mm x 1200 mm x 20 mm zu den von Ihnen genannten Konditionen.

Ihre Rechnungen begleichen wir innerhalb von 14 Tagen nach Rechnungsdatum mit 3 % Skonto oder 30 Tage netto Kasse.

Wir freuen uns auf eine langfristige Zusammenarbeit.

Mit freundlichem Gruß

BüroTec GmbH

i.A. *Stefanie Rother*

Stefanie Rother

Geschäftsführer:
Moritz Schmidt
Michael Schneider
Petra Peters
Sitz der Gesellschaft:
Moers

Handelsregister:
Amtsgericht Moers
HRB 4415

Kommunikation:
Telefon: 02841 283-0
Telefax: 02841 283-1
E-Mail: info@BüroTec.de

Bankverbindungen:
Sparkasse Moers
Kto. 369990894 BLZ 35050000
Postbank Moers
Kto. 734899329 BLZ 35040000

Finanzamt Moers
Steuernummer:
1228767994/3
Ust-Id-Nummer:
DE 811127386

Info 3: Informationsbroschüre der Kanzlei Berger & Partner

Berger & Partner
Rechtsanwälte

Information „Der Kaufvertrag"

Arbeitsrecht
Wirtschaftsrecht
Gesellschaftsrecht

Abschluss von Kaufverträgen

Der Kaufvertrag kommt durch zwei übereinstimmende Willenserklärungen (Antrag und Annahme) zwischen dem Käufer und dem Verkäufer zustande.

Der Antrag kann vom Verkäufer in Form eines (verbindlichen) Angebots ausgehen, das der Käufer durch eine Bestellung annimmt. Um Missverständnisse auszuschließen, erhält der Kunde häufig eine Auftragsbestätigung. Diese ist rechtlich gesehen jedoch nicht mehr notwendig. Der Kaufvertrag ist schon vorher zustande gekommen. Eine Anfrage mit der Bitte um Abgabe eines Angebots stellt keinen Antrag dar. Anfragen sind rechtlich unverbindlich. Daher ist es möglich, gleichzeitig Anfragen an mehrere Unternehmen zu richten, um den günstigsten Lieferanten ermitteln zu können.

Andererseits kann der Antrag auch vom Käufer ausgehen. Dies ist dann der Fall, wenn der Käufer ohne vorheriges Angebot eine Bestellung (Auftrag) an den Verkäufer richtet, die der Verkäufer seinerseits durch eine Bestellungsannahme, auch Auftragsbestätigung genannt, annimmt.[1] In manchen Fällen wird auch auf eine Bestellungsannahme bzw. Auftragsbestätigung verzichtet und direkt geliefert. Die Lieferung stellt dann die Bestellungsannahme bzw. Auftragsbestätigung dar.

Ein Angebot ist nur dann rechtlich verbindlich, wenn es an eine bestimmte Person gerichtet ist. Angebote können mündlich (persönlich oder telefonisch) oder schriftlich (per Brief, per Telefax und per E-Mail) erfolgen. Eine gesetzlich vorgeschriebene Form gibt es nicht.[2]

Angebote im Schaufenster, Postwurfsendungen, Speise- und Getränkekarten, Plakate, Kataloge, Zeitungsanzeigen, Handzettel etc. sind an die Allgemeinheit gerichtet und daher im rechtlichen Sinne keine (verbindlichen) Angebote, sondern Anpreisungen bzw. Aufforderungen zum Kauf.

Aufhebung der rechtlichen Bindung von Angeboten durch Freizeichnungsklauseln

Darüber hinaus kann ein Verkäufer die rechtliche Bindung an sein Angebot durch Freizeichnungsklauseln ganz oder teilweise aufheben.

Folgende Freizeichnungsklauseln werden häufig verwendet:

- Angebot befristet bis 30.09.0X,
- Angebot freibleibend (d.h., das Angebot ist nicht verbindlich),
- unverbindliches Angebot,

---

1   In den beiden oben genannten Fällen werden die Willenserklärungen der Vertragspartner mithilfe zweier Schriftstücke dokumentiert (Angebot/Bestellung bzw. Bestellung/Auftragsbestätigung). Dies ist der gängige Fall im B2B-Geschäft. Bei B2C-Geschäften werden die Willenserklärungen häufig auf einem Schriftstück, dem Kaufvertrag, festgehalten, auf dem beide Vertragspartner den Vertrag unterschreiben (z.B. Kauf eines Kfz).
2   Gleiches gilt für eine Bestellung. Auch sie ist an keine besondere Form gebunden. Kaufverträge können demnach formfrei (mündlich, schriftlich oder durch konkludentes Handeln) abgeschlossen werden. Eine Ausnahme stellen Grundstücks-kaufverträge dar, die notariell beurkundet werden müssen.

Fortsetzung

- ohne Obligo (Gewähr),
- Preise freibleibend (d.h., nur die Preise sind unverbindlich),
- Lieferung nur, solange der Vorrat reicht.

Angebotsfristen

Der Verkäufer kann für die Gültigkeit seines Angebots eine Frist setzen. Nach Ablauf der Frist ist er nicht mehr an sein Angebot gebunden. Wird einem möglichen Käufer in dessen Anwesenheit (persönlich oder telefonisch) ein Angebot unterbreitet, so ist es nur für die Dauer des Gesprächs bindend. Es sei denn, der Verkäufer erklärt ausdrücklich etwas anderes.

Wird einem möglichen Kunden ein Angebot in dessen Abwesenheit unterbreitet, gilt es nur so lange, wie der mögliche Kunde unter normalen Umständen braucht, um auf die gleiche Art und Weise zu antworten. Übliche Fristen sind z.B. für Briefe sieben Tage und für Angebote per E-Mail zwei Tage. Der Verkäufer kann in seinem Angebot natürlich auch eine längere Frist einräumen (z.B. Angebot gültig bis 20.12.0X).

Trifft die Bestellung nach Ablauf der gesetzten Frist ein, ist der Verkäufer nicht mehr an sein Angebot gebunden. Die Bestellung gilt in diesem Fall als neuer Antrag. Gleiches gilt, wenn der Käufer das Angebot ganz oder teilweise abändert. Auch in diesem Fall gilt die Bestellung als neuer Antrag.

Der Verkäufer hat auch die Möglichkeit, sein Angebot zu widerrufen. Der Widerruf muss jedoch spätestens mit dem Angebot selbst eintreffen (z.B. schriftliches Angebot per Brief, Widerruf per E-Mail).[3]

Lieferung unbestellter Waren

Bei der Lieferung unbestellter Waren, ist zu unterscheiden, ob der Empfänger ein Kaufmann oder eine Privatperson ist. Ist der Empfänger eine Privatperson, ist sein Schweigen als Ablehnung zu interpretieren. Der Verkäufer hat keinen Anspruch gegen die Privatperson, d.h., er kann weder den Kaufpreis fordern noch die Sache zurückverlangen. Nach einhelliger juristischer Auffassung darf die Sache gebraucht bzw. verbraucht werden.

Ist der Empfänger ein Kaufmann mit bereits bestehenden Geschäftsbeziehungen, muss er das Angebot unverzüglich ablehnen und die Ware auf Kosten des Absenders aufbewahren. Die Ware zurücksenden muss er nicht. Schweigen hingegen gilt als Annahme. Ist der Empfänger ein Kaufmann ohne bestehende Geschäftsbeziehungen, gilt sein Schweigen als Ablehnung. Er muss die Ware auf Kosten des Absenders aufbewahren, aber nicht zurücksenden.

Verpflichtungs- und Erfüllungsgeschäft

Beim Kaufvertrag ist wie bei jedem Vertrag zwischen dem Abschluss des Vertrags (dem Verpflichtungsgeschäft) und dessen Erfüllung (dem Erfüllungsgeschäft) zu unterscheiden. Im Rahmen des Verpflichtungsgeschäfts verpflichtet sich der Verkäufer, dem Käufer den Kaufgegenstand ordnungsgemäß (zur rechten Zeit, am rechten Ort und ohne Mängel) zu übergeben und das Eigentum daran zu verschaffen.

---

3   Gleiches gilt auch für den Käufer. Der Widerruf einer Bestellung muss spätestens mit der Bestellung eintreffen.

Fortsetzung

Zudem muss er den vereinbarten Geldbetrag annehmen. Der Käufer verpflichtet sich, den Kaufgegenstand anzunehmen und den vereinbarten Preis zu zahlen.[4] Das durch das Verpflichtungsgeschäft entstandene Schuldverhältnis erlischt, wenn die geschuldeten Leistungen im Rahmen des Erfüllungsgeschäfts erbracht wurden. Beispiel: Die Gerber KG und die Kluge OHG schließen am 20.05.0X einen Kaufvertrag über die Lieferung von vier Drehmaschinen ab. Die Lieferung erfolgt vereinbarungsgemäß am 10.07.0X. Die der Lieferung beiliegende Rechnung wird wie im Kaufvertrag vereinbart 20 Tage später beglichen.

Besondere Arten von Kaufverträgen (Auswahl)

Kaufvertragsarten nach Art, Beschaffenheit und Güte der Ware

Beim **Kauf nach Probe** (nach Muster) wird die Ware aufgrund früher bezogener Waren (wie gehabt) oder nach einer vom Verkäufer zur Verfügung gestellten Probe gekauft. Der **Kauf auf Probe** zeichnet sich dadurch aus, dass der Käufer innerhalb einer vereinbarten Frist ein Rückgaberecht hat, falls die Ware nicht den Erwartungen des Käufers entspricht. Beim **Kauf zur Probe** wird eine geringe Menge der Ware gekauft, um sie ausgiebig zu prüfen. Ist man mit dem Ergebnis zufrieden, wird die benötigte Menge bestellt. Der **Bestimmungskauf** (Spezifikationskauf) ist dadurch gekennzeichnet, dass nur Art und Menge der Ware vereinbart werden. Die genauen Details (Maße, Farbe oder Form) werden dem Verkäufer innerhalb einer bestimmten Frist vom Käufer mitgeteilt. Beim **Ramschkauf** (Kauf en bloc, Kauf in Bausch und Bogen) wird ein ganzer Warenposten zu einem Pauschalpreis gekauft, ohne die Qualität der einzelnen Artikel zu prüfen. Der **Gattungskauf** ist dadurch gekennzeichnet, dass es sich um mehrfach vorhandene (vertretbare) Waren, z.B. in Serie gefertigte Konsumgüter, handelt. Beim **Stückkauf** hingegen handelt es sich um einmalige (nicht vertretbare) Sachen, wie z.B. Originalgemälde, Oldtimer sowie speziell angefertigte Möbel oder Kleidungsstücke.

Kaufvertragsarten nach der Lieferzeit

Der **Sofortkauf** ist dadurch gekennzeichnet, dass die Lieferung unmittelbar nach der Bestellung zu erfolgen hat. Beim **Terminkauf** muss die Ware zu einem vereinbarten Termin oder innerhalb einer festgelegten Frist erfolgen, z.B. „Lieferung am 10. Mai 200X" oder „Lieferung bis Ende Mai 200X". Der **Fixkauf** wird gewählt, wenn die Einhaltung des Liefertermins von entscheidender Bedeutung ist. Die Lieferung muss zu einem genau festgelegten Zeitpunkt erfolgen, ansonsten macht die Lieferung keinen Sinn mehr. Der Liefertermin enthält die Zusätze „fix", „fest", „genau am" oder „spätestens". Beim **Kauf auf Abruf** wird eine größere Menge Ware gekauft, die zu einem vom Käufer bestimmten späteren Zeitpunkt ganz oder in Teilmengen abgerufen wird.

Kaufvertragsarten nach den vereinbarten Zahlungsbedingungen

Beim **Barkauf** wird die Ware bei Übergabe bezahlt. Der **Zielkauf** (Kreditkauf), ist dadurch gekennzeichnet, dass die Ware erst einige Zeit nach der Lieferung bezahlt wird. Der **Ratenkauf** (Abzahlungskauf) ist eine Sonderform des Kreditkaufs. Hier muss die Ware in vereinbarten Raten abgezahlt werden.

---

4   Bei Fernabsatzverträgen (klassischer Versandhandel, Vertrieb von Waren und Dienstleistungen über das Internet und Teleshopping) hat der Verbraucher (hiermit ist eine Privatperson gemeint) jedoch gemäß § 312d BGB ein Widerrufs- und Rückgaberecht. Der Verkäufer ist verpflichtet, den Käufer hierüber in eindeutiger Weise zu unterrichten. Der Widerruf muss keine Begründung enthalten und ist in Textform oder durch Rücksendung der Ware innerhalb von zwei Wochen nach Eingang der Ware beim Empfänger gegenüber dem Unternehmer zu erklären. Die Kosten und die Gefahr hat der Unternehmer zu tragen.

Info 4: Vorlage zur Bewertung der weiteren Fälle

Fälle	Ist ein Kaufvertrag zustande gekommen?	Begründungen
Fall A	BüroTec GmbH / Baumann OHG ↑ Metalllacke ☐ Kaufvertrag ☐ Kein Kaufvertrag	
Fall B	Pro Bike KG / Roll-on AG ↑ Reifen ☐ Kaufvertrag ☐ Kein Kaufvertrag	
Fall C	Herr Bäumer / Möbelhaus Krüger OHG ↑ Schlafcouch ☐ Kaufvertrag ☐ Kein Kaufvertrag	
Fall D	BüroTec GmbH / Buchhändler Kruse ↑ BGB ☐ Kaufvertrag ☐ Kein Kaufvertrag	
Fall E	BüroTec GmbH / Heinzmann KG ↑ Büromöbel ☐ Kaufvertrag ☐ Kein Kaufvertrag	

Fortsetzung

Fälle	Ist ein Kaufvertrag zustande gekommen?	Begründungen
Fall F	BüroTec GmbH / Gruber OHG ↑ Scharniere ☐ Kaufvertrag ☐ Kein Kaufvertrag	
Fall G	Herr Rossmann / Herr Flatten ↑ gebrauchtes Motorrad ☐ Kaufvertrag ☐ Kein Kaufvertrag	
Fall H	BüroTec GmbH / Bullmann KG ↑ Schrauben ☐ Kaufvertrag ☐ Kein Kaufvertrag	
Fall I	Herr Pudenz / Musikhaus Merz OHG ↑ E-Gitarre ☐ Kaufvertrag ☐ Kein Kaufvertrag	
Fall J	Herr Steiner / Finke KG ↑ CDs ☐ Kaufvertrag ☐ Kein Kaufvertrag	

📖 Lernsituation:

Frau Rother, Einkäuferin der BüroTec GmbH, bestellt am 02. April 0X aufgrund eines rechtlich verbindlichen Angebots 1.200 Zylinderschlösser bei der Bauer KG. Die Zylinderschlösser werden zur Produktion von 600 Büroschränken benötigt, die im Laufe des Jahres abgesetzt werden sollen. Bestellungen liegen jedoch noch nicht vor. Produktionsbeginn für die Büroschränke ist der 01. Mai 0X. Im Kaufvertrag wird „Lieferung am 21. April 0X" vereinbart. Damit ist der Vorgang für Frau Rother jedoch noch nicht

erledigt. Zu ihrem Aufgabenbereich gehört auch die Überwachung der Liefertermine. Als Frau Rother am Morgen des 22. April 0X feststellt, dass kein Wareneingangsschein über 1.200 Zylinderschlösser vorliegt, fragt sie telefonisch bei Herrn Meier, dem zuständigen Mitarbeiter des Werkstofflagers, nach. Als Herr Meier ihr bestätigt, dass die bestellten Zylinderschlösser immer noch nicht eingetroffen sind, wird Frau Rother unruhig. Sofort setzt sie sich an ihren Rechner und verfasst eine Mahnung, die sie noch am selben Tag per E-Mail an die Bauer KG verschickt. Am nächsten Morgen meldet sich Herr Kuschberg, Verkaufssachbearbeiter der Bauer KG, und teilt Frau Rother mit, dass die Zylinderschlösser wegen Arbeitsüberlastung nicht zum vereinbarten Termin fertig gestellt werden konnten und leider definitiv erst am 15. Mai 0X geliefert werden können. Frau Rother reagiert unverzüglich und startet eine Telefonaktion, in der geklärt werden soll, ob die benötigten Zylinderschlösser bei anderen Lieferanten nicht schneller beschafft werden können. Das Ergebnis ist niederschmetternd. Der früheste Liefertermin ist der 23. Mai 0X.

✒ Arbeitsaufträge:

1. Prüfen Sie, ob die Voraussetzungen der Nicht-Rechtzeitig-Lieferung vorliegen. Begründen Sie Ihre Meinung.

2. Welches Recht sollte die BüroTec GmbH in Anspruch nehmen? Begründen Sie Ihre Entscheidung.

3. Um welche Art Schaden handelt es sich im vorliegenden Fall? Begründen Sie Ihre Meinung.

4. Welche Rechte können allgemein im Rahmen des Lieferungsverzugs vom Käufer geltend gemacht werden? Nutzen Sie dazu das zur Verfügung stehende Raster (Info 3).

5. Für welches Recht man sich entscheidet, ist abhängig von der konkreten Situation, in der sich ein Unternehmen befindet. Wann sollte man welches Recht in Anspruch nehmen?

6. Beschreiben Sie ausführlich, welche Auswirkungen der Produktionsausfall für die BüroTec GmbH haben könnte.

7. Nehmen Sie an, die Lieferung hätte aufgrund eines kalendermäßig nicht bestimmbaren Liefertermins wie z.B. „Lieferung ab 21. April 0X" zwingend angemahnt werden müssen. Verfassen Sie diese Mahnung in Anlehnung an die DIN 5008 (Adresse: Bauer KG auf der Zülpicherstr. 15 in 50937 Köln).

Info 1: Auszug aus der Informationsbroschüre der Kanzlei Berger & Partner

Information „Schuldrecht aktuell"

Umgang mit Kaufvertragsstörungen (Quelle: Bürgerliches Gesetzbuch)

Nicht-Rechtzeitig-Lieferung

Berger & Partner
Rechtsanwälte

Arbeitsrecht
Wirtschaftsrecht
Gesellschaftsrecht

A: Voraussetzungen

Im Kaufvertrag hat sich der Lieferant verpflichtet, die Ware zum vereinbarten Termin zu liefern. Liefert er nicht rechtzeitig, kann unter bestimmten Voraussetzungen eine Nicht-Rechtzeitig-Lieferung, auch Lieferungsverzug genannt, vorliegen.

Grundsätzlich ist die Nicht-Rechtzeitig-Lieferung zunächst an folgende **vier Voraussetzungen** geknüpft:

1. Nachholbarkeit der Leistung (§ 275 BGB)

Die Lieferung muss noch möglich sein. Handelt es sich z.B. um ein zerstörtes Originalgemälde, spricht man von der Unmöglichkeit der Leistung. In diesem Fall gelten andere Bestimmungen, auf die hier nicht näher eingegangen werden soll.

2. Fälligkeit der Leistung (§ 271 BGB)

Die Lieferung muss fällig sein, d.h., der Liefertermin muss überschritten sein.

3. Mahnung durch den Käufer (§ 286 BGB)

Der Käufer muss den Lieferanten nach Eintritt der Fälligkeit durch eine formlose Mahnung zur Lieferung auffordern. Dies ist allerdings nur bei **kalendermäßig nicht genau bestimmten oder bestimmbaren** Lieferterminen notwendig. Beispiele hierfür sind: Lieferung sofort, Lieferung ab Mai 0X, Lieferung frühestens Ende August 0X, Lieferung auf Abruf, Lieferung sobald wie möglich oder Lieferung sechs Wochen nach Eingang der Bestellung.

In folgenden Fällen hingegen ist <u>keine</u> Mahnung nötig:

- Der Liefertermin ist **kalendermäßig genau bestimmt oder bestimmbar.** Beispiele hierfür sind: Liefertermin am 20.05.0X, Liefertermin am 22.05.0X fix, Lieferung bis spätestens 20.05.0X, Lieferung 38. Kalenderwoche 0X, Lieferung im Juli 0X oder Lieferung Ende Mai 0X.

- Die Lieferung wird vom Verkäufer ernsthaft und endgültig verweigert (Selbstinverzugsetzung).

- Es handelt sich um einen Zweckkauf. Beispiele: Geburtstagstorte zum Geburtstag, Weihnachtsbaum zu Weihnachten.

- Es liegen besondere Gründe vor. Beispiele: Der Lieferant selbst kündigt einen späteren Liefertermin an oder aber es liegen eilbedürftige Pflichten vor, wie beispielsweise ein Wasserrohrbruch, der dringend repariert werden muss.

4. Verschulden des Verkäufers

Darüber hinaus muss ein Verschulden des Verkäufers vorliegen, um die entsprechenden Rechte aus der Nicht-Rechtzeitig-Lieferung wahrnehmen zu können (§ 276 BGB). Ausnahme ist der Rücktritt vom Vertrag. Hier ist die Schuldfrage ohne Bedeutung. Mit Verschulden ist gemeint, dass der Verkäufer entweder nicht mit der nötigen Sorgfalt (grobe und leichte Fahrlässigkeit) handelt oder gar bewusst (vorsätzlich) nicht liefert. Der Verkäufer hat dabei ebenfalls das Verschulden seiner Angestellten zu vertreten. Es liegt jedoch kein Verschulden vor, wenn der Liefertermin aufgrund höherer Gewalt, wie z.B. Unwetter, Feuer, Streik etc., nicht eingehalten werden konnte (nach Eintritt der Nicht-Rechtzeitig-Lieferung haftet der Verkäufer im Übrigen auch im Falle höherer Gewalt).

Fortsetzung

B: Rechte des Käufers

Sind alle Voraussetzungen erfüllt, so kann der Käufer aus insgesamt **vier** verschiedenen **Rechten** auswählen.

Ohne eine Nachfrist setzen zu müssen, kann der Käufer folgende **zwei Rechte** geltend machen:

1. Der Käufer kann **auf Lieferung bestehen** (§ 433 BGB).

2. Der Käufer kann **auf die Lieferung bestehen und**, sofern durch den Verzug ein Schaden entstanden ist, **Schadensersatz wegen Verzögerung** (§ 280 BGB) verlangen. Beispiele: Miete für eine Ersatzmaschine, entgangener Gewinn wegen Produktionsausfall.

Setzt der Käufer eine **angemessene Nachfrist** und ist die Lieferung nach deren Ablauf immer noch nicht erfolgt (erfolglose Nachfrist), kann der Käufer weiterhin die obigen Rechte in Anspruch nehmen oder aber aus folgenden **zwei Rechten** wählen. Eine Nachfrist gilt als angemessen, wenn der Verkäufer die Ware liefern kann, ohne sie vorher beschaffen oder herstellen zu müssen.

1. Der Käufer kann **vom Vertrag zurücktreten** (§ 323 BGB).

   Ausnahmeregelungen: Handelt es sich um einen Fixkauf (z.B. Lieferung am 20.05.0X fix oder Lieferung spätestens am 20.05.0X) oder Zweckkauf, wird die Lieferung ernsthaft und endgültig verweigert oder liegen besondere Umstände vor, die unter Abwägung der beiderseitigen Interessen den sofortigen Rücktritt rechtfertigen, kann auf eine Nachfristsetzung verzichtet werden.

2. Ist ein Schaden entstanden, kann der Käufer **Schadensersatz statt Leistung verlangen** (§ 281 BGB). Beispiel: Der Käufer muss die Ware kurzfristig bei einem anderen Lieferanten zu einem höheren Preis beschaffen (Deckungskauf). Schadensersatz statt Leistung kann auch neben dem Vertragsrücktritt in Anspruch genommen werden. Auch wenn der Käufer schon vom Vertrag zurückgetreten ist, kann zusätzlich Schadensersatz statt der Leistung in Anspruch genommen werden. Anstelle des Schadensersatzes kann der Käufer Ersatz für Aufwendungen verlangen (§ 284 BGB), die ihm im Vertrauen auf die Leistung entstanden sind. Verlangt der Käufer Schadensersatz statt Leistung oder Ersatz für vergebliche Aufwendungen, hat er keinen Anspruch mehr auf die Leistung.

   Ausnahmeregelungen: Wird die Lieferung ernsthaft und endgültig verweigert oder liegen besondere Umstände vor, die unter Abwägung der beiderseitigen Interessen den sofortigen Schadensersatzanspruch oder Ersatz für vergebliche Aufwendungen rechtfertigen, kann auf eine Nachfristsetzung verzichtet werden.

C: Schadensberechnung bei der Nicht-Rechtzeitig-Lieferung

Ist durch die Nicht-Rechtzeitig-Lieferung ein Schaden entstanden, kann der Käufer Schadensersatz verlangen. Der Käufer muss den Schaden durch eine Schadensberechnung nachweisen. Hierbei ist grundsätzlich zwischen **zwei Schadensarten** zu unterscheiden:

Zum einen kann der Schadensersatz nach dem **konkreten Schaden** ermittelt werden. Beispiel: Der Käufer nimmt für die nicht gelieferte Ware einen Deckungskauf vor. Der Schaden ergibt sich aus den zusätzlichen Kosten.

Zum anderen kann der Schadensersatz nach dem **abstrakten Schaden** ermittelt werden. Beispiel: Konnten durch die Nicht-Rechtzeitig-Lieferung weniger Produkte abgesetzt werden, ist dem Käufer ein Gewinn entgangen, der dem Lieferanten in Rechnung gestellt werden kann. Um einen abstrakten Schaden handelt es sich aber nur dann, wenn auf Lager gefertigt wird. Liegen hingegen konkrete Kundenaufträge vor, die nicht ausgeführt werden können, liegt ein konkreter Schaden vor.

Da die Ermittlung des abstrakten Schadens häufig Schwierigkeiten bereitet, vereinbaren die Vertragsparteien nicht selten eine **Vertragsstrafe** (Konventionalstrafe). Dabei muss der Lieferant für jeden Tag der Verzögerung einen vorher festgelegten Geldbetrag zahlen. Ist der Schaden höher als die im Vertrag vereinbarte Vertragsstrafe, so kann auch dieser Mehrbetrag eingefordert werden, es sei denn, die Konventionalstrafe wurde als Höchststrafe vereinbart.

Info 2: Vordruck Geschäftsbrief

BüroTec GmbH
Moers

BüroTec GmbH ◆ Anglerstraße 34 ◆ 47444 Moers

....

....

....

....

....

....

....

....

....

Ihr Zeichen, Ihre Nachricht vom	Unser Zeichen, unsere Nachricht vom	Telefon, Name 02841 283-	Datum

Mahnung

Geschäftsführer:	Handelsregister:	Kommunikation:	Bankverbindungen:	Finanzamt Moers
Moritz Schmidt	Amtsgericht Moers	Telefon: 02841 283-0	Sparkasse Moers	Steuernummer:
Michael Schneider	HRB 4415	Telefax: 02841 283-1	Kto. 369990894 BLZ 350 500 00	12287679943
Petra Peters		E-Mail: info@BüroTec.de	Postbank Moers	Ust-Id-Nummer:
Sitz der Gesellschaft:			Kto. 734899329 BLZ 350 400 00	DE 811127386
Moers				

Info 3: Formular „Rechte des Käufers bei Nicht-Rechtzeitig-Lieferung"

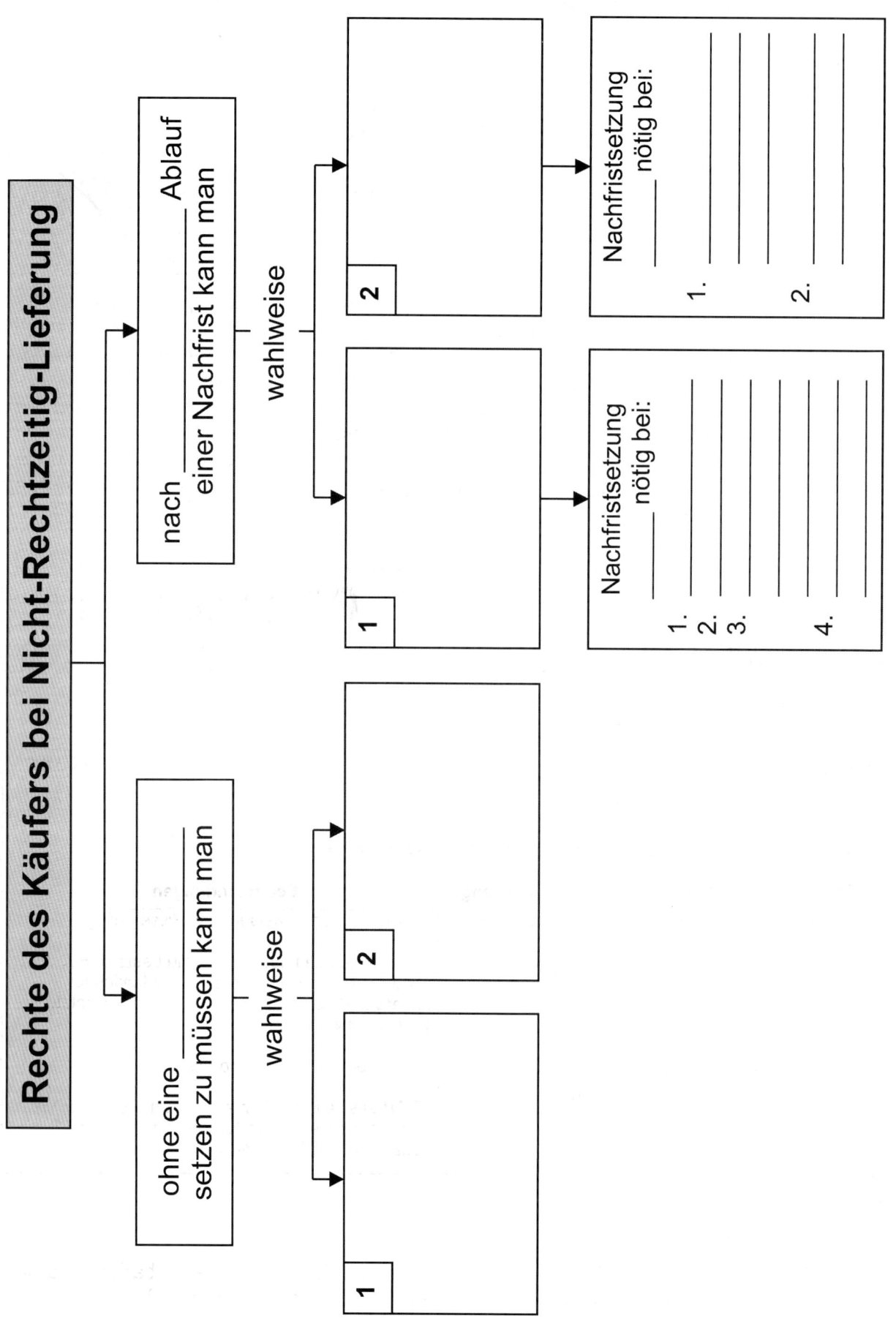

Lernsituation:

Am Montag, den 02. Februar 0X, gegen 10:00 Uhr wird eine von der BüroTec GmbH bei der Holz Krüger KG aufgegebene Bestellung fristgemäß durch einen Spediteur angeliefert. Herr Schmidt, Mitarbeiter des Wareneingangs, kontrolliert unverzüglich die in mehreren Kartons angelieferte Ware. Da so weit alles in Ordnung ist, quittiert er im Beisein des Fahrers die Warenannahme auf dem Lieferschein.

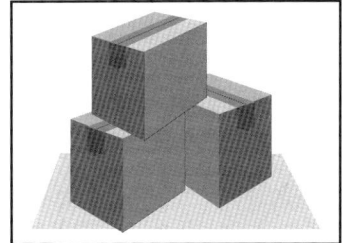

Bevor die angenommene Ware jedoch eingelagert wird, wird sie pflichtgemäß einer intensiven Prüfung unterzogen. Hierbei stellt Herr Schmidt verschiedene Mängel fest. Er erstellt eine Fehlermeldung, die er an Frau Rother, Einkäuferin der BüroTec GmbH, weiterleitet. Frau Rother reagiert sofort. Anhand des Produktionsplans stellt sie fest, dass von einer Ausnahme abgesehen sämtliche Arbeitsplatten erst Anfang März 0X benötigt werden. Nur die 80 Arbeitsplatten Buche „massiv" werden schon am 13. Februar 0X in der Produktion benötigt (Produktionszeit zwei Tage). Sie sind für einen Auftrag eines Stammkunden bestimmt, der die Lieferung dringend am Nachmittag des 15. Februar 0X erwartet. Im Vertrag mit dem Stammkunden ist pro Tag Verzögerung eine Konventionalstrafe in Höhe von 500,00 € vereinbart worden.

BüroTec GmbH

Interne Mitteilung

Von: Kai Schmidt, Abtl. Lager
An: Stefanie Rother, Abtl. Einkauf

Fehlermeldung

02.02.0X

Wareneingangsdatum: 02.02.0X
Bestell-Nr.: 22 560
Lieferant: Holz Krüger KG, Grabenstr. 14, 46483 Wesel

Pos.	Artikel	Bestellmenge	Beanstandungen
1	Arbeitsplatte Buche „massiv"	80 Stück	die Arbeitsplatten weisen tiefe Risse auf
2	Arbeitsplatte Ahorn „furniert"	60 Stück	10 Arbeitsplatten haben nicht die bestellte Form (oval statt eckig), können aber problemlos für unsere anderen Modelle mit ovalen Arbeitsplatten verwendet werden
3	Arbeitsplatte Birke „furniert"	50 Stück	es wurden nur 40 Arbeitsplatten geliefert
4	Arbeitsplatte Kirsche „massiv"	80 Stück	10 Arbeitsplatten haben auf der Unterseite kleine, aber sehr gut sichtbare Kratzer, können aber notfalls verwendet werden

---

 Arbeitsaufträge:

1. Welche Sachmängel gemäß BGB (im Hinblick auf die Sache und Erkennbarkeit) wurden von Herrn Schmidt bei der Kontrolle der angenommenen Ware festgestellt?

2. Welche Pflichten hat die BüroTec GmbH bei einer Schlechtleistung zu erfüllen, damit sie die ihr zustehenden Rechte beanspruchen kann?

3. Welche vorrangigen Rechte stehen der BüroTec GmbH bei Schlechtleistung generell zur Verfügung? Tragen Sie diese in das entsprechende Raster ein (Info 5).

4. Verfassen Sie gemäß DIN 5008 ein Schreiben an die Holz Krüger KG, in dem Sie die Mängel darlegen und das/die von Ihnen gewählte/-n Recht/-e einfordern (Info 4).

5. Nehmen Sie an, die Nacherfüllung ist fehlgeschlagen. Welche nachrangigen Rechte stehen dem Käufer bei Schlechtleistung generell zur Verfügung? Tragen Sie diese in das zur Verfügung stehende Raster ein (Info 6).

6. Die BüroTec GmbH setzt der Holz Krüger KG, mit der man bislang immer sehr gut zusammengearbeitet hat, am 02. Februar 0X per E-Mail eine 10-tägige Nachfrist zur Nacherfüllung. Am 13. Februar 0X sind die Arbeitsplatten immer noch nicht geliefert. Auf Nachfrage hin erklärt die Holz Krüger KG in einem Telefongespräch, dass aufgrund von Arbeitsüberlastung leider erst in einer Woche mit der Lieferung zu rechnen sei. Eine telefonische Anfrage bei einem anderen Lieferanten ergibt, dass die Arbeitsplatten Buche „massiv" am Nachmittag des 15. Februar 0X zu einem um 20,00 € je Stück höheren Preis geliefert werden könnten. Die übrigen Arbeitsplatten sind erst Ende März lieferbar.

    6.1 Welche Rechte sollte die BüroTec GmbH bezogen auf die einzelnen Mängel in Anspruch nehmen (falls Schadensersatzforderungen in Frage kommen, bitte die Höhe des Schadensersatzes ermitteln)?

Mängel	Rechte

    6.2 Welche Konsequenzen könnte es nach sich ziehen, wenn die BüroTec GmbH bei ihrem Stammkunden in Verzug geraten würde?

7. Bei der Montage von 40 Schreibtischen für die Klugmann OHG, einem Stammkunden der BüroTec GmbH aus Hamburg, stellt man fest, dass schon leichte Stöße Spuren auf den Arbeitsplatten Birke „furniert" hinterlassen. Die Holz Krüger KG weist in ihren Produktbeschreibungen diese Arbeitsplatten als besonders stoßfest aus.

    7.1 Um welche Sachmängel gemäß BGB (im Hinblick auf die Sache und Erkennbarkeit) handelt es sich im vorliegenden Fall?

    7.2 Was muss die BüroTec GmbH unternehmen, um die entsprechenden Rechte wahrnehmen zu können?

Info 1: Sachmängel gemäß § 434 BGB im Hinblick auf die Sache

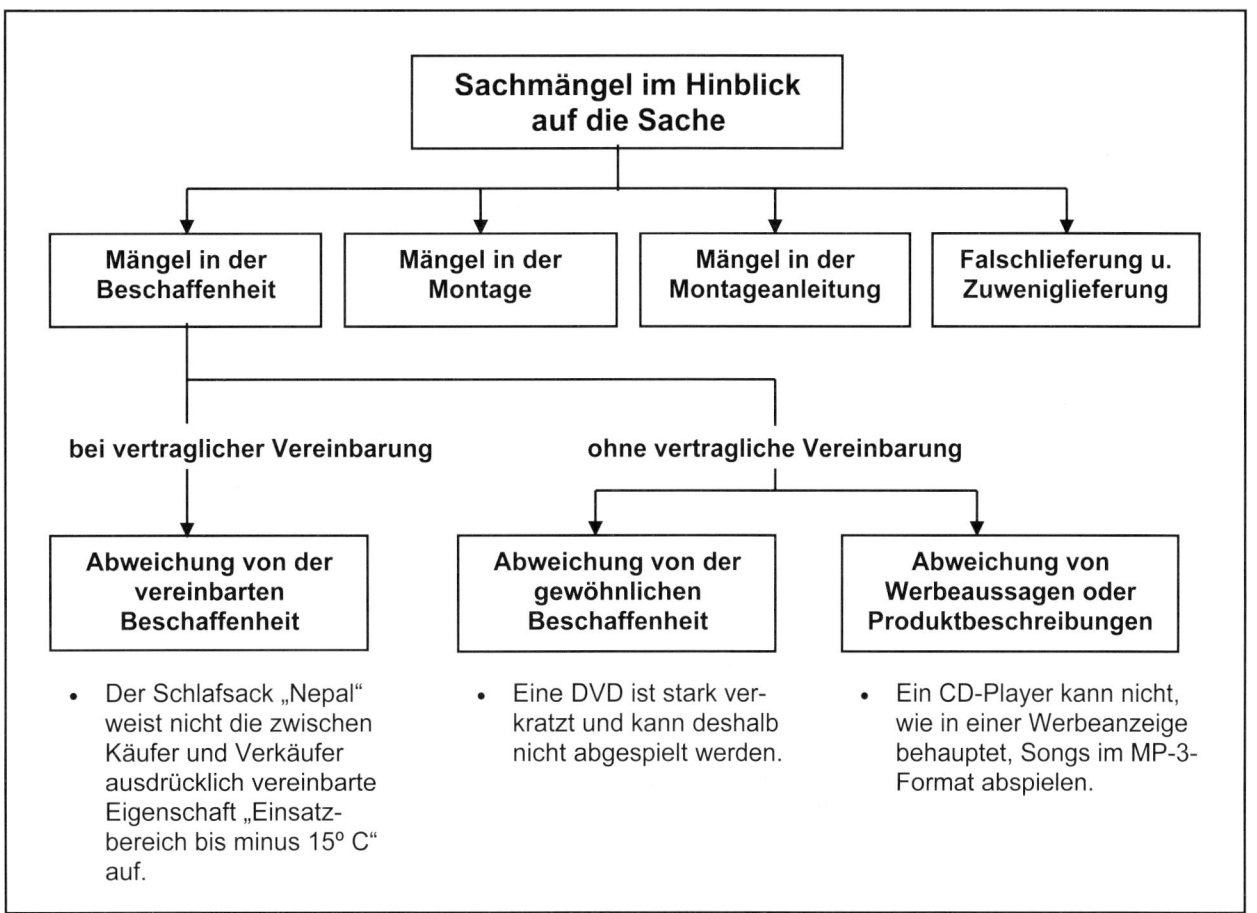

Info 2: Sachmängel im Hinblick auf die Erkennbarkeit

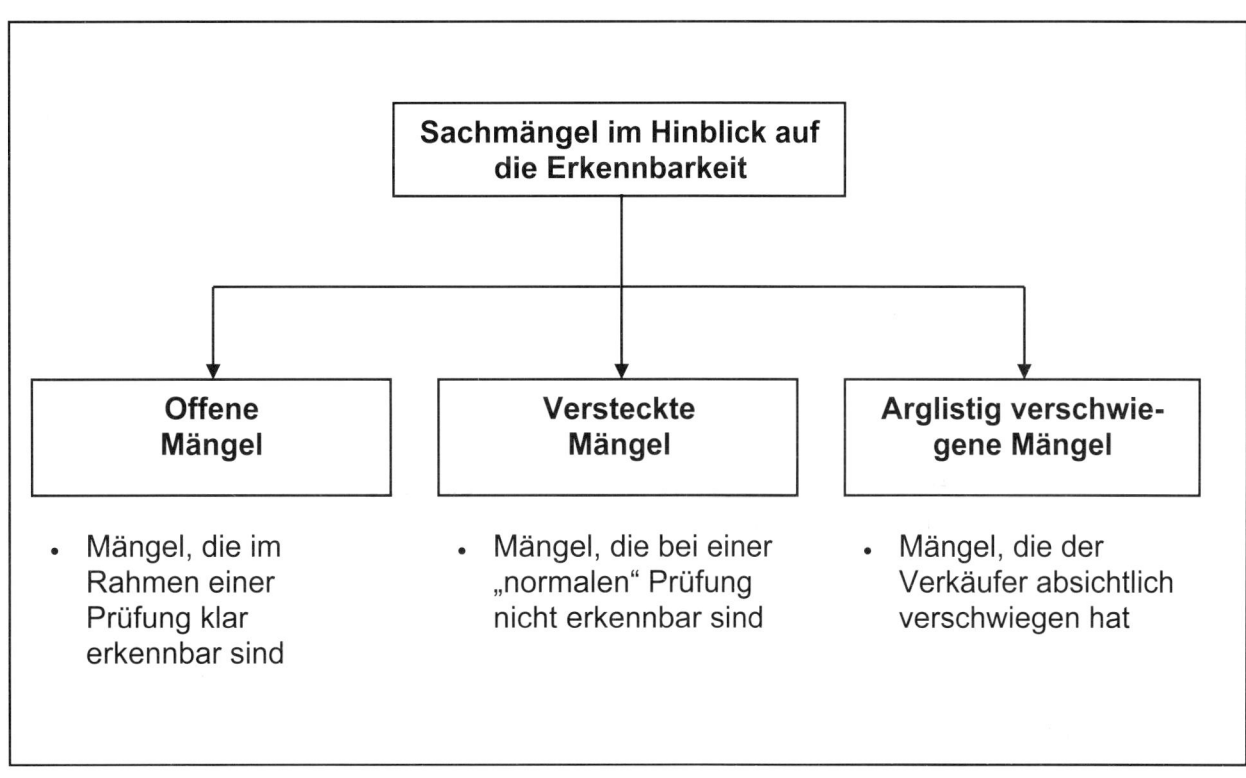

Info 3: Auszug aus der Informationsbroschüre der Kanzlei Berger & Partner

---

Information „Schuldrecht aktuell"

Umgang mit Kaufvertragsstörungen

(Quelle: Bürgerliches Gesetzbuch)

Berger & Partner
Rechtsanwälte

Arbeitsrecht
Wirtschaftsrecht
Gesellschaftsrecht

Schlechtleistung

A: Pflichten des Käufers

Im Kaufvertrag hat sich der Verkäufer verpflichtet, mangelfreie Ware zu liefern.

Beim **zweiseitigen Handelskauf**[1] (d.h., beide Vertragspartner sind Kaufleute) ist der Käufer verpflichtet, die angenommene Ware unverzüglich auf Mängelfreiheit zu prüfen (§ 377 HGB). Stellt der Käufer einen **offenen Mangel** fest, so ist er verpflichtet, diesen unverzüglich durch eine Mängelrüge (Reklamation) beim Verkäufer anzuzeigen. Aus Beweisgründen sollte die Mängelrüge schriftlich abgefasst werden. Offene Mängel verjähren innerhalb von zwei Jahren nach Ablieferung. Bei **versteckten Mängeln** ist unverzüglich nach der Entdeckung, spätestens jedoch innerhalb der zweijährigen Gewährleistungsfrist für Sachmängelhaftung, die mit der Ablieferung beginnt, zu rügen. **Bei arglistig verschwiegenen Mängeln** ist unverzüglich nach der Entdeckung zu rügen. Die Gewährleistungsfrist beträgt in diesem Fall drei Jahre. Sie beginnt mit Ablauf des Jahres, in dem der Mangel entdeckt wurde.

B: Rechte des Käufers

Zunächst muss der Käufer auf das **vorrangige Recht der Nacherfüllung** (§ 437 BGB) zurückgreifen, d.h., der Käufer muss dem Verkäufer im Rahmen der Mängelrüge eine angemessene Nachfrist setzen, in der er den Mangel beseitigen (Nachbesserung, § 439 BGB) oder eine mangelfreie Sache liefern kann (Neulieferung, § 439 BGB). Die Wahl zwischen den beiden Rechten obliegt generell dem Käufer. Der Verkäufer kann jedoch das vom Käufer gewählte Recht ablehnen, wenn es für ihn mit unverhältnismäßig hohen Kosten verbunden ist. Der Anspruch auf Nacherfüllung gilt auch bei geringfügigen Mängeln und ist verschuldensunabhängig. Die Nacherfüllung gilt nach zwei erfolglosen Versuchen als fehlgeschlagen.

Zusätzlich zur Nacherfüllung hat der Käufer noch einen Anspruch auf **Schadensersatz neben der Leistung** (§ 280 BGB), allerdings nur, wenn ein Schaden entstanden ist und der Verkäufer den Mangel verschuldet hat.

Nach erfolglosem Ablauf der gesetzten Nachfrist zur Nacherfüllung kann der Käufer weiterhin Nacherfüllung verlangen oder aber aus folgenden **nachrangigen** Rechten wählen:

- Der Käufer kann **Minderung** (§ 441 BGB), d.h. entsprechend dem Wertverlust eine angemessene Herabsetzung des Kaufpreises verlangen. Das Recht auf Minderung gilt auch für unerhebliche Mängel. Zusätzlich zur Minderung kann der Käufer Schadensersatz neben der Leistung verlangen.

- Der Käufer kann **vom Vertrag zurücktreten** (§ 323 BGB). Allerdings nur, wenn es sich um erhebliche Mängel handelt.

- Ist ein Schaden entstanden, kann der Käufer **Schadensersatz statt Leistung** (§ 281 BGB) verlangen. Schadensersatz statt Leistung kann auch neben dem Vertragsrücktritt in Anspruch genommen werden.

- Anstelle des Schadensersatzes kann der Käufer auch **Ersatz für vergebliche Aufwendungen** (§ 284 BGB) verlangen, die er im Vertrauen auf die Leistung gemacht hat. Allerdings können Schadensersatz statt Leistung und Ersatz für Aufwendungen nur in Anspruch genommen werden, wenn ein Schaden bzw. vergebliche Aufwendungen entstanden sind, der Mangel erheblich ist und der Verkäufer den Mangel verschuldet hat.

Verweigert der Verkäufer die Nacherfüllung, ist die Nacherfüllung aufgrund unverhältnismäßig hoher Kosten unzumutbar, liegen besondere Umstände vor oder schlägt die Nachbesserung fehl, kann der Käufer auf eine Nachfristsetzung verzichten bzw. gilt die gesetzte Nachfrist als abgelaufen. Darüber hinaus kann der Käufer auch auf eine Nachfristsetzung verzichten, wenn es sich um einen Fixkauf oder Zweckkauf handelt. Dies gilt allerdings nur beim Rücktritt vom Vertrag und bei der Minderung.

---

[1] Beim einseitigen Handelskauf und beim Verbrauchsgüterkauf gelten andere Prüf- und Rügefristen, auf die hier nicht näher eingegangen werden soll.

Info 4: Vordruck Geschäftsbrief

BüroTec GmbH
Moers

BüroTec GmbH ◆ Anglerstraße 34 ◆ 47444 Moers

| Ihr Zeichen, Ihre Nachricht vom | Unser Zeichen, unsere Nachricht vom | Telefon, Name 02841 283- | Datum |

Mängelrüge

Geschäftsführer:	Handelsregister:	Kommunikation:	Bankverbindungen:	Finanzamt Moers
Moritz Schmidt	Amtsgericht Moers	Telefon: 02841 283-0	Sparkasse Moers	Steuernummer:
Michael Schneider	HRB 4415	Telefax: 02841 283-1	Kto. 369990894 BLZ 350 500 00	12287679943
Petra Peters		E-Mail: info@BüroTec	Postbank Moers	Ust-Id-Nummer:
Sitz der Gesellschaft:			Kto. 734899329 BLZ 350 400 00	DE 811127386
Moers				

Info 5: Formular „Vorrangige Rechte"

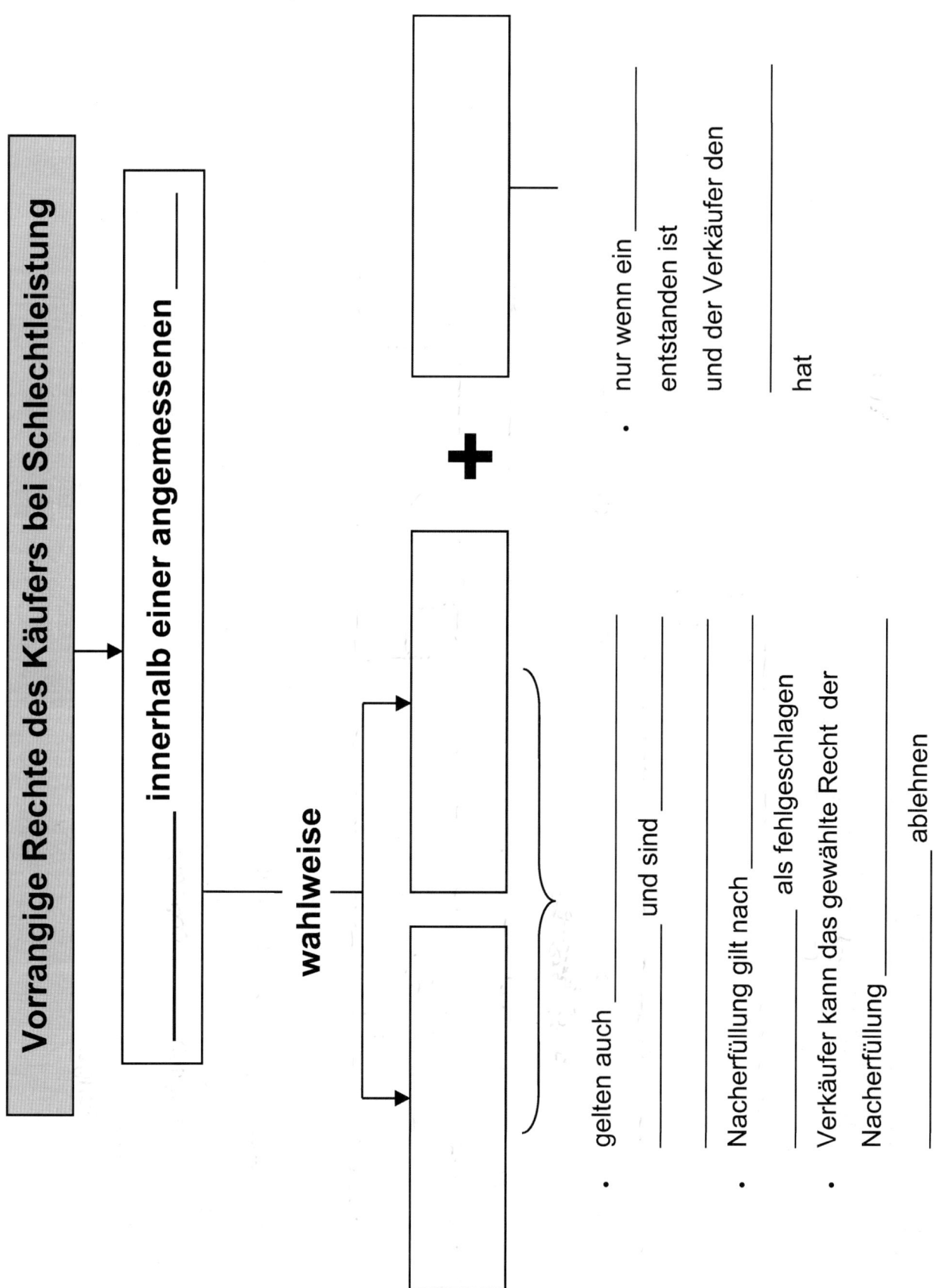

Info 6: Formular „Nachrangige Rechte"

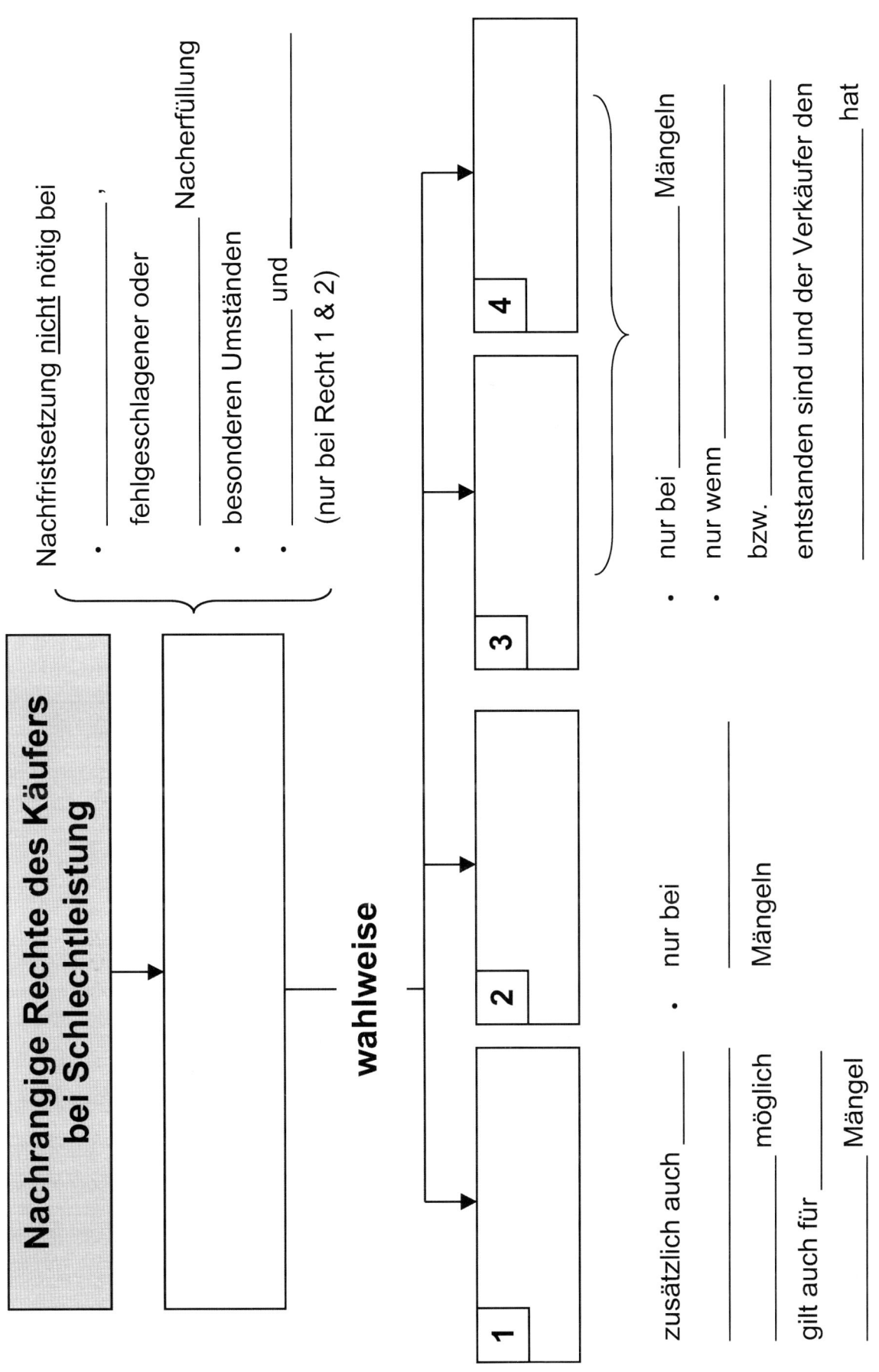

📖 **Lernsituation:**

Frau Rother, Einkäuferin der BüroTec GmbH, bestellt bei der Gehrmann OHG vorgeformte Metallbleche zum Einstandspreis von insgesamt 60.000,00 €. Die Bleche werden Anfang Juli für die Produktion von 300 Büroschränken benötigt, die von einem Großkunden geordert wurden. Bei der Wareneingangskontrolle der termingemäß am 12. Juni 2009 gelieferten Werkstoffe fällt auf, dass die Metallbleche gut sichtbare Kratzer aufweisen. Noch am gleichen Tag schreibt Frau Rother eine Mängelrüge und bittet um Nachbesserung bzw. Neulieferung innerhalb von zehn Tagen. Zwei Wochen später sind die Metallbleche immer noch nicht ausgetauscht. Ärgerlich greift sie zum Telefon.

Frau Rother: Guten Morgen, Herr Krause, wir warten immer noch auf eine Reaktion von Ihnen, was die fehlerhaften Metallbleche angeht.

Herr Krause: Guten Morgen, Frau Rother, gut, dass Sie anrufen. Bei uns geht alles drunter und drüber. Seit zwei Wochen arbeitet unser Auftragsbearbeitungsprogramm nicht einwandfrei. Wir haben völlig den Überblick verloren.

Frau Rother: Schön und gut, Herr Krause, aber was machen wir jetzt mit den Metallblechen? Die Produktion unserer Büroschränke sollte in wenigen Tagen beginnen.

Herr Krause: Frau Rother, es tut mir schrecklich leid. Eine Nachbesserung ist aufgrund unserer speziellen Beschichtungsverfahren nicht möglich und lagermäßig haben wir derartige Bleche leider auch nicht vorrätig. Die Lieferung ist frühestens Ende Juli möglich.

Frau Rother: Das hilft uns nicht. Unser Kunde rechnet am 10. Juli mit der Lieferung der bestellten Büroschränke. Da haben wir Ihretwegen eine saftige Konventionalstrafe zu erwarten. Vom Imageschaden ganz zu schweigen.

Herr Krause: Frau Rother, was soll ich sagen ...

Frau Rother: Nun, Herr Krause, ich werde mit meinem Vorgesetzten besprechen, wie wir in dieser Angelegenheit weiter verfahren. Sie hören dann von mir.

Da ein Deckungskauf bei einem anderen Lieferanten zeitlich keinen Vorteil bringt, nimmt man das Angebot der Gehrmann OHG, die Metallbleche Ende Juli zu liefern, an. Allerdings gerät die BüroTec GmbH durch die Schlechtleistung des Lieferanten bei ihrem Großkunden in Verzug und ist gezwungen, die vereinbarte Konventionalstrafe in Höhe von 6.000,00 € zu bezahlen. Der Betrag wird der Gehrmann OHG als Schadensersatzforderung, zahlbar am 25. Juli 2009, in Rechnung gestellt.

Bei einer am 02. März 2011 durchgeführten internen Revision fällt auf, dass die Eingangsrechnung der Gehrmann OHG seitens der BüroTec GmbH zwar ordnungsgemäß beglichen wurde, die Gehrmann OHG der Schadensersatzforderung aber nicht nachgekommen ist. Frau Rother nimmt daher am 04. März 2011 noch einmal Kontakt mit dem Lieferanten auf, mit dem man allerdings seit einiger Zeit keine Geschäftsbeziehungen mehr pflegt. Herr Sauer, neuer Verkaufsleiter der Gehrmann OHG, ist bei diesem Gespräch freundlich, aber bestimmt: „Aber Frau Rother, der Vorgang ist doch längst verjährt. Da kann ich Ihnen nicht weiterhelfen."

Arbeitsaufträge:

1. Prüfen Sie, ob der Anspruch der BüroTec GmbH verjährt ist. Verwenden Sie den Zeitstrahl und lassen Sie sich bei der Bearbeitung des Arbeitsauftrags von folgenden Fragen leiten.

Wann ist ein Anspruch entstanden?	
Wie lange dauert die Verjährungsfrist?	
Wann beginnt die Verjährungsfrist?	
Wann endet die Verjährungsfrist?	

Zeitstrahl

Ergebnis:

2. Nehmen Sie an, die Gehrmann OHG erkennt die Schadensersatzforderung der BüroTec GmbH durch eine am 15.05.2011 überwiesene Abschlagzahlung in Höhe von 2.000,00 € an. Welche Auswirkung hat dieser Tatbestand auf die Verjährungsfrist? Verwenden Sie zur Veranschaulichung den Zeitstrahl.

Zeitstrahl

Ergebnis:

3. Nehmen Sie, ausgehend von der Ausgangssituation, Folgendes an: Die Gehrmann OHG reagiert auch nach mehrmaliger Zahlungsaufforderung nicht. Die BüroTec GmbH beschließt daher, im März 2011 Klage zu erheben. Am 15. Mai 2011 wird das Urteil verkündet: Die Gehrmann OHG muss die 6.000,00 € zahlen. Da die Gehrmann OHG auf Berufung verzichtet, wird das Urteil am 29. Mai 2011 rechtskräftig.

    3.1 Vor welchem Gericht wird die Streitsache verhandelt?

    3.2 Welche Auswirkung hat dieser Tatbestand auf die Verjährungsfrist? Verwenden Sie zur Veranschaulichung den Zeitstrahl.

    Zeitstrahl

    Ergebnis:

Weitere Fälle, die sich bei der BüroTec GmbH ereignet haben:

4. Jessica Funke, Verkaufssachbearbeiterin bei der BüroTec GmbH, stellt am 15. September 2009 fest, dass sie von ihrem früheren Arbeitgeber, der Holzberg KG, noch Geld zu bekommen hat. Dies war ihr bei der Lösung des Dienstverhältnisses entgangen. Ihr Ausscheiden liegt genau 24 Monate zurück. Rückständig sind die Gehaltsforderungen für die Monate Juli und August des letzten Arbeitsjahres. Frau Funke bittet ihren früheren Arbeitgeber im Laufe der Monate November und Dezember 09 mehrfach, den Betrag zu überweisen. Die Holzberg KG zeigt keine Reaktion. Wann verjähren die Ansprüche von Frau Funke?

5. Die BüroTec GmbH lieferte am 20. Juni 2009 Büromöbel im Wert von 8.000,00 € an die Kampmann AG. Trotz mehrfacher kaufmännischer Mahnungen begleicht der Kunde die Rechnung nicht. Die Sache gerät in Vergessenheit. Wann verjähren die Ansprüche der BüroTec GmbH?

6. Bei einer internen Revision Anfang Dezember 2012 fällt auf, dass die Rechnung der Kampmann AG (Aufgabe 5) immer noch nicht beglichen wurde. Buchhalter Fuchs hat eine Idee: Er schickt ein Fax an die Kampmann AG, in dem er darauf hinweist, dass nach eingehender Durchsicht sämtlicher Unterlagen sich sogar ein offener Posten von 18.000,00 € ergibt, was natürlich nicht stimmt. Er hofft, dass die Kampmann AG entsprechend reagiert. Einige Tage später, am 10. Dezember 2012, erhält er per Telefax die Antwort: „So eine Frechheit! 18.000,00 € kann nicht sein! Woher haben Sie diesen Betrag? Offener Posten von 8.000,00 € ist korrekt. Nur: Das interessiert uns nicht mehr!" Wie beurteilen Sie die Situation?

_____

_____

_____

_____

7. Die BüroTec GmbH gibt bei der Baugesellschaft Borgemann mbH den Bau einer Lagerhalle in Auftrag, die am 20. September 2009 fertig gestellt und abgenommen wird. Am 25. September 2013 stellt sich heraus, dass das Dach undicht ist. Trotz mehrfacher Mahnungen weigert sich die Baugesellschaft, für den Schaden aufzukommen und den Mangel zu beseitigen. Die BüroTec GmbH erhebt am 09. Juli 2014 Klage vor dem Amtsgericht Moers (Streitwert: 4.800,00 €). Am 09. August 2014 schließen die BüroTec GmbH und die Baugesellschaft Borgemann mbH einen außergerichtlichen Vergleich über 2.400,00 €. Daraufhin wird das Klageverfahren eingestellt. Wann verjähren die Ansprüche der BüroTec GmbH?

_____

_____

_____

_____

8. Die BüroTec GmbH kauft am 10. Oktober 2009 beim Autohändler Evertz in Oberhausen einen gebrauchten Lieferwagen im Wert von 10.000,00 €. Wider besseren Wissens behauptet der Autohändler, der Wagen sei unfallfrei. Bei der ersten Inspektion bei VW Röschbach in Moers am 10. April 2010 wird festgestellt, dass der Autohändler die Unwahrheit gesagt hat. Nach Rücksprache mit dem Gutachter, Herrn Bomke, fordert die BüroTec GmbH Schadensersatz in Höhe von 1.200,00 €. Der Autohändler Evertz weigert sich zu zahlen. Wann verjähren die Ansprüche der BüroTec GmbH?

_____

_____

_____

_____

Info: Auszug aus der Informationsbroschüre der Kanzlei Berger & Partner

Information „Schuldrecht aktuell"

Verjährung von Ansprüchen
(Quelle: Bürgerliches Gesetzbuch)

Berger & Partner
Rechtsanwälte

Arbeitsrecht
Wirtschaftsrecht
Gesellschaftsrecht

A: Verjährungsfristen

Für alle Forderungen gelten Zeitspannen, nach deren Ablauf der Schuldner nicht mehr leisten muss. Man spricht in diesem Zusammenhang von Verjährung.

Die **regelmäßige (= allgemeine) Verjährungsfrist** beträgt drei Jahre (§ 195 BGB). Sie gilt für alle Ansprüche, für die keine besonderen Verjährungsfristen festgelegt sind, z.B. bei den Kaufvertragsstörungen Nicht-Rechtzeitig-Lieferung, Nicht-Rechtzeitig-Zahlung und Annahmeverzug, bei Lohn- und Gehaltsforderungen und bei Mietforderungen. Die Verjährungsfrist beginnt am Ende des Kalenderjahres, in dem der Anspruch entstanden ist. Beispiel: Eine Forderung ist am 20.11.09 fällig. Die Verjährungsfrist beginnt mit Ablauf des 31.12.09 (d.h. am 31.12.09 um 24:00 Uhr) und endet am 31.12.12 um 24:00 Uhr, d.h., die Forderung ist am 01.01.13 verjährt.

Neben der allgemeinen Verjährungsfrist existieren **für besondere Ansprüche abweichende Verjährungsfristen**.

Bei Mängeln (Schlechtleistung) im Rahmen von Kauf- und Werkverträgen beträgt die Verjährungsfrist zwei Jahre (§ 438 BGB), bei Mängeln, die der Verkäufer arglistig verschwiegen hat, sogar drei Jahre (§ 438 BGB), bei Bauwerksmängeln fünf Jahre (§ 438 BGB). Die Verjährungsfrist beginnt in diesen Fällen mit Ablieferung des Kaufgegenstands bzw. der Abnahme des Werkes. Die Ausnahme bilden die arglistig verschwiegenen Mängel. Hier beginnt die Verjährungsfrist mit Ablauf des Jahres, in dem der Mangel entdeckt wurde.

Bei Rechten an Grundstücken, z.B. Anspruch auf den Kaufpreis, beträgt die Verjährungsfrist zehn Jahre (§ 196 BGB). Die Verjährungsfrist beginnt in diesem Fall mit der Fälligkeit des Anspruchs.

Darüber hinaus existiert eine dreißigjährige Verjährungsfrist für rechtskräftig festgestellte Ansprüche, wie z.B. Urteile in Klage- und Insolvenzverfahren sowie Vollstreckungsbescheide aufgrund gerichtlicher Mahnverfahren (§ 197 BGB). Die Verjährungsfrist beginnt in diesen Fällen zu dem Zeitpunkt, zu dem die Berechtigung der Ansprüche rechtskräftig festgestellt wurde.

Ein Anspruch erlangt Rechtskraft, wenn er durch Rechtsmittel, wie z.B. Berufung oder Revision, nicht mehr angefochten werden kann oder die Rechtsmittelfrist abgelaufen ist.

Bei der Berufung wird der Sachverhalt nochmals verhandelt. Neue Beweise können vorgebracht werden. Berufungsinstanz für erstinstanzliche Urteile der Amtsgerichte ist das Landgericht und für erstinstanzliche Urteile der Landgerichte das Oberlandesgericht. Bei einer Revision wird geklärt, ob in dem Verfahren die Rechtsvorschriften richtig angewandt wurden. Die Revision kann i.d.R. nur verlangt werden, wenn der Streitwert höher als 30.000,00 € ist. Revisionsinstanz ist der Bundesgerichtshof in Karlsruhe.

Fortsetzung

B: Neubeginn der Verjährung

Erkennt der Schuldner dem Gläubiger gegenüber den Anspruch durch Abschlagzahlung, Zinszahlung, Bitte um Stundung, die Leistung einer Sicherheit oder in anderer Weise an (= Schuldanerkenntnis), beginnt die Verjährungsfrist ab diesem Zeitpunkt erneut in voller Länge zu laufen (§ 212 BGB).

Liegt ein entsprechendes Urteil aus einem Klageverfahren oder ein Vollstreckungsbescheid aus einem gerichtlichen Mahnverfahren vor, <u>kann</u> der Gläubiger einen Gerichtsvollzieher damit beauftragen, seinen Anspruch einziehen zu lassen (Zwangsvollstreckung). Auch hier beginnt die Verjährungsfrist erneut in voller Länge zu laufen, und zwar ab Auftragserteilung an den Gerichtsvollzieher (§ 212 BGB).

C: Hemmung der Verjährung

Die Verjährungsfrist wird unter bestimmten Voraussetzungen vorübergehend gehemmt. Das bedeutet, die Verjährung kommt durch die folgenden, beispielhaft aufgeführten Gründe zum Stillstand und wird anschließend um diesen Zeitraum verlängert.

- Klageerhebung[1] (Einleiten eines Klageverfahrens) ⎤
- Zustellung des gerichtlichen Mahnbescheids   ⎬ Rechtsverfolgung (§ 204 BGB)
- Anmeldung eines Anspruchs im Insolvenzverfahren ⎦
- Verhandlungen[2] zwischen Schuldner und Gläubiger zur Klärung, ob der Anspruch berechtigt ist (§ 203 BGB)
- berechtigte Leistungsverweigerung aufgrund einer Vereinbarung mit dem Gläubiger (§ 205 BGB)
- Stillstand der Rechtspflege oder höhere Gewalt während der letzten sechs Monate der Verjährungsfrist (§ 206 BGB)

Die Hemmung endet in den Fällen der Rechtsverfolgung sechs Monate nach einer rechtskräftigen Entscheidung durch das Gericht oder nach einer anderweitigen Beendigung des Verfahrens. Allerdings ist die Hemmung in den Fällen der Rechtsverfolgung nur bedingt von Bedeutung. Führt ein eingeleitetes Klageverfahren beispielsweise zu einer rechtskräftigen Feststellung des Anspruchs, greift unverzüglich die 30-jährige Verjährungsfrist (§ 197 BGB), d.h., der Hemmungszeitraum (Dauer des Verfahrens zuzüglich 6 Monate) wird nicht auf die 30-jährige Verjährungsfrist aufgeschlagen. Anders sieht es z.B. aus, wenn das Klageverfahren auf Wunsch des Gläubigers nicht weiter betrieben wird (beispielsweise weil er die Hoffnung hat, das Geld auch anderweitig zu erhalten). In diesem Fall wird die Verjährungsfrist um die Dauer des Verfahrens zuzüglich sechs Monate verlängert.

Im Fall der Verhandlungen zwischen Schuldner und Gläubiger tritt die Verjährung frühestens drei Monate nach dem Ende der Hemmung ein.

Außergerichtliche Mahnungen hingegen sind private Zahlungsaufforderungen und hemmen die laufende Verjährung von Ansprüchen nicht, selbst wenn sie schriftlich und in Form eines eingeschriebenen Briefes erfolgen.

---

[1] Streitwerte bis zu 5.000,00 € werden vor dem Amtsgericht, Streitwerte ab 5.000,00 € werden vor dem Landgericht verhandelt.

[2] Hiermit sind <u>nicht</u> Gerichtsverhandlungen, sondern Gespräche zwischen Schuldner und Gläubiger gemeint, in denen geklärt werden soll, ob der Anspruch zu Recht besteht.

📖 **Lernsituation:**

Am Dienstagnachmittag ruft Herr Weber, Leiter des Einkaufs, seine beiden Mitarbeiter Frau Rother und Herrn Müller zu einer Lagebesprechung zusammen, um bestehende Probleme zu diskutieren.

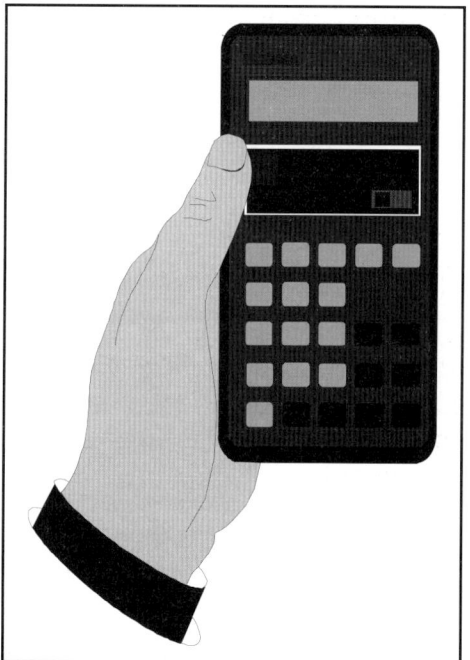

Herr Weber: Meine Damen und Herren, leider muss ich Ihnen mitteilen, dass unsere derzeitige Auftragslage keinen Anlass zur Freude bietet. Dies ist insbesondere darauf zurückzuführen, dass unsere Konkurrenten mit massiven Preissenkungen versuchen, verloren gegangene Marktanteile zurückzuerobern. Das können wir nicht zulassen, vielmehr müssen auch wir über mögliche Preissenkungen nachdenken. Preissenkungen sind jedoch nur möglich, wenn es uns gelingt, Kosten einzusparen.

Frau Rother: Meiner Meinung nach muss unser besonderes Interesse dabei den innerbetrieblichen Abläufen gelten.

Herr Weber: Sehr richtig, Frau Rother. Denken Sie da an etwas Bestimmtes?

Frau Rother: Nun, wir sollten vor allem unsere Bestellpolitik überprüfen. Nehmen wir z.B. den Metalllack, den wir für die Lackierung unserer Erzeugnisse benötigen. Derzeit bestellen wir dreißigmal im Jahr jeweils 300 l. Bei jeder Bestellung fallen Kosten an, die völlig unabhängig von der bestellten Menge sind. So muss z.B. der Mitarbeiter bezahlt werden und außerdem verursachen Papier, Porto, Telefon etc. weitere Kosten.

Herr Weber: Was schlagen Sie also vor, Frau Rother?

Frau Rother: Wenn wir z.B. stattdessen nur fünfmal im Jahr bestellen würden, könnten erhebliche Kosten eingespart werden.

Herr Weber: Eine gute Idee, Frau Rother.

Herr Müller: Entschuldigen Sie, Herr Weber, aber meines Erachtens sollten wir hier nicht vorschnell handeln. Bedenken Sie, dass bei nur fünf Bestellungen pro Jahr jeweils 1800 l Metalllack geliefert würden. Wo wollen Sie den denn lagern? Denken Sie auch an die zusätzlichen Lagerkosten, die durch die Lagerung einer größeren Menge anfallen.

Herr Weber: Ich denke, ohne detaillierte Berechnungen kommen wir hier nicht weiter. Ich schlage daher vor, Sie und Frau Rother ermitteln die Bestellmenge, die für uns die günstigste ist.

Arbeitsaufträge:

1. Ermitteln Sie unter Berücksichtigung der Infos 1 bis 3 die optimale Bestellmenge für den Metalllack mit Hilfe

   1.1 der Entscheidungstabelle.

   1.2 der Andlerschen Berechnungsformel:

$$\sqrt{\frac{200 \ \times \ \text{Jahresbedarf} \ \times \ \text{Bestellkosten je Bestellung}}{\text{Einstandspreis je Einheit} \times \text{Lagerhaltungskostensatz}^{[1]}}}$$

2. Nennen Sie Gründe, die ein Unternehmen veranlassen können, von der ermittelten optimalen Bestellmenge abzuweichen.

3. Die BüroTec GmbH benötigt pro Jahr 60.000 l Motoröl für ihre Produktionsanlagen. Der Einstandspreis je l beträgt 8,00 €. Der Lieferant gewährt Rabatte, deren Höhe von der Abnahme-menge abhängt. Die Lieferung erfolgt frei Haus, d.h., Transportkosten fallen nicht an. Die Bestellkosten pro Bestellung betragen 100,00 €. Die Lagerhaltungskosten

Mengenrabatte	
ab 4.000 l	10 %
ab 6.000 l	12 %
ab 20.000 l	15 %

machen 10 % des durchschnittlichen Lagerbestands in € aus. Bisher wurden 20-mal im Jahr 3.000 l Motoröl bestellt. Der Mindestbestand beträgt 500 l Motoröl.

Ermitteln Sie die optimale Bestellmenge für das Motoröl mit Hilfe der folgenden Entscheidungstabelle.

Anzahl der Bestel-lungen	Bestell-menge in l	Bestell-kosten pro Bestellung in €	Bestell-kosten (gesamt) in €	Durch-schnittlicher Lagerbestand in l	Durch-schnittlicher Lagerbestand in €	Lager-haltungs-kosten in €	Gesamt-kosten der Bestellmenge in €
25							
20							
15							
10							
5							

Optimale Bestellmenge	

---

[1] Den Lagerhaltungskostensatz erhält man, wenn man die Lagerhaltungskosten ins Verhältnis zum durchschnittlichen Lagerbestand in € setzt. Er ist generell ein Prozentsatz (bspw. 15%). Im Rahmen der Andlerschen Berechnungsformel verwendet man jedoch nur ganze Zahlen (bspw. 15).

Info 1: Handbuch Beschaffung

BüroTec GmbH   Kapitel Optimale Bestellmenge

Grundlagen

Ist der jährliche Materialbedarf an Werkstoffen anhand der zur Verfügung stehenden Unterlagen (Produktionsprogrammplanung, Stücklisten und Verbrauchsstatistiken) ermittelt, stellt sich die Frage, ob die jährlich benötigte Gesamtmenge eines Werkstoffes auf einmal oder in mehreren Teilmengen bestellt werden soll. Die Beantwortung der Frage ist von den anfallenden Bestell- und Lagerhaltungskosten abhängig.

Ist die Bestellmenge hoch, sind die Bestellkosten gering, da sich der Bestellvorgang nicht so oft wiederholt. Gleichzeitig sind jedoch die Lagerhaltungskosten hoch, da größere Mengen gelagert werden müssen. Ist die Bestellmenge niedrig, sind die Bestellkosten hoch, die Lagerhaltungskosten hingegen niedriger.

Die optimale Bestellmenge ist demnach die Menge, bei der die Summe aus fixen Beschaffungskosten (Bestellkosten) und Lagerhaltungskosten am niedrigsten ist.

Kosten, die die Bestellmenge bestimmen

Beschaffungskosten	**Lagerhaltungskosten**

variable Beschaffungskosten	**fixe Beschaffungskosten (Bestellkosten)**	

verändern sich mit der Bestellmenge:
- benötigte Menge x Einstandspreis (= bewerteter Jahresverbrauch)
- Rabatte
- Transport- und Verpackungskosten

sind unabhängig von der Bestellmenge; Kosten, die bei jeder einzelnen Bestellung anfallen:
- Personalkosten
- Materialkosten
- Sachmittelkosten

Lagerhaltungskosten:
- Kapitalbindungskosten
- Löhne & Gehälter
- Arbeitsmittel
- Versicherungsprämien
- Energiekosten
- ...

Berechnungshilfen

Ø Lagerbestand in Einheiten: $\dfrac{\text{Bestellmenge}}{2}$ + Mindestbestand

Ø Lagerbestand in €:   Ø Lagerbestand in Einheiten x Einstandspreis je Einheit

Lagerhaltungskosten in €:   Ø Lagerbestand in € x Lagerhaltungskostensatz

Gesamtkosten der Bestellmenge: Bestellkosten (gesamt) + Lagerhaltungskosten

Info 2: Interne Mitteilung

BüroTec GmbH

Interne Mitteilung

an: Frau Rother (Einkauf)   **von:**   Karl Müller
                                             Abteilung: Einkauf
                                             Datum: 26.04.0X
                                               Zeichen: Mü

Informationen zum Hilfsstoff Metalllack

Jahresbedarf:	9000 l
Einstandspreis je l:	10,60 €
	(Mengenrabatte werden nicht gewährt, Lieferung frei Haus, d.h., Transportkosten trägt der Lieferant)
Bestellkosten pro Bestellung:	90,00 €
Lagerhaltungskostensatz:	20 %
Mindestbestand:	50 l

Mit freundlichen Grüßen

Karl Müller

Info 3: Entscheidungstabelle

Anzahl der Bestellungen	Bestellmenge in l	Bestellkosten pro Bestellung in €	Bestellkosten (gesamt) in €	Durchschnittlicher Lagerbestand in l	Durchschnittlicher Lagerbestand in €	Lagerhaltungskosten in €	Gesamtkosten der Bestellmenge in €
30							
25							
20							
15							
10							
5							
1							

Die optimale Bestellmenge laut Entscheidungstabelle liegt bei _____ !

📖 Lernsituation:

Mittwochnachmittag betritt Herr Müller völlig entnervt das Büro seiner Kollegin Frau Rother.

Herr Müller: Also so geht es beim besten Willen nicht mehr weiter. Ich weiß überhaupt nicht mehr, wo mir der Kopf steht. Die neuen Methoden, die Sie und Herr Weber eingeführt haben, mögen in der Theorie ja ganz nett sein, aber in der Praxis ist das alles gar nicht zu schaffen.

Frau Rother: Wovon sprechen Sie denn jetzt?

Herr Müller: Na dieser ganze Kram: Bezugsquellen-ermittlung, Angebote einholen, Bezugspreise ermitteln, qualitative Kriterien berücksichtigen, optimale Bestellmengen ermitteln und so weiter und so fort. Seit ich alles so mache, wie wir es vereinbart haben, sind jeden Tag Überstunden fällig und trotzdem wird der Stapel mit den unerledigten Bestellungen immer höher. Allein für die Bestellung der Dekorschriftzüge habe ich den ganzen Vormittag gebraucht.

Frau Rother: Wollen Sie damit sagen, dass Sie einen Angebotsvergleich für die Dekor-schriftzüge durchgeführt haben?

Herr Müller: Ja, ich habe unter 17 Lieferanten den günstigsten Anbieter herausgefunden und die optimale Bestellmenge errechnet.

Frau Rother: Das darf doch wohl nicht wahr sein. Für so einen Kleinkram lohnt sich ja nicht einmal eine schriftliche Bestellung und Sie vertrödeln den ganzen Vormittag damit.

Herr Müller: War das vielleicht meine Idee? Sie und Herr Weber haben schließlich diese neumodischen Methoden hier eingeführt. Aber ich habe mir ja gleich gedacht, dass alles nur Zeitverschwendung ist.

✎ Arbeitsaufträge:

1. Herr Müller ist bei der BüroTec GmbH für die Beschaffung von 19 Werkstoffen (W1 – W19) zuständig. Führen Sie mit Hilfe der zur Verfügung stehenden Tabelle (Info 2) gemäß den folgenden Arbeitsschritten eine ABC-Analyse durch, um festzustellen, bei welchen Werkstoffen ein höherer Aufwand sinnvoll ist.

Arbeitsschritte:

1.1 Berechnen Sie den prozentualen Anteil jedes einzelnen Werkstoffs an der gesamten Jahresverbrauchsmenge (257.420 Einheiten).

1.2 Ermitteln Sie den Jahresverbrauchswert der einzelnen Werkstoffe.

1.3 Berechnen Sie den prozentualen Anteil jedes einzelnen Werkstoffs am gesamten Jahresverbrauchswert.

1.4 Kennzeichnen Sie die einzelnen Werkstoffe als A-, B- oder C-Gut nach dem Kriterium „Anteil am gesamten Jahresverbrauchswert in Prozent".

2. Berechnen Sie für jede Wertgruppe den Anteil an der gesamten Jahresverbrauchsmenge in Prozent sowie den Anteil an dem gesamten Jahresverbrauchswert in Prozent, indem Sie die einzelnen Prozentwerte summieren, und tragen Sie die Ergebnisse in die zur Verfügung stehende Tabelle ein (Info 3).

3. Veranschaulichen Sie die Ergebnisse grafisch (runden Sie zur Vereinfachung die Ergebnisse aus Arbeitsauftrag 2 auf ganze Zahlen) und nennen Sie beschaffungs- und lagerpolitische Maßnahmen zur Behandlung der A- und C-Güter (Info 4).

4. Die Gliederung der Werkstoffe nach ihrem Jahresverbrauchswert (ABC-Analyse) wird häufig mit der Gliederung nach der Vorhersagegenauigkeit (XYZ-Analyse) kombiniert. Vervollständigen Sie folgendes Schaubild:

XYZ-Analyse (Vorhersage-genauigkeit)	ABC-Analyse (Jahresverbrauchswert)		
	A-Güter	**B-Güter**	**C-Güter**
X-Güter	hoher Verbrauchswert & hohe Vorhersage-genauigkeit		
Y-Güter			
Z-Güter			niedriger Verbrauchswert & niedrige Vorhersage-genauigkeit

5. Sprechen Sie für folgende Kombinationen eine Handlungsempfehlung aus:

Kombination	Handlungsempfehlung (Zutreffendes bitte ankreuzen)	
AX-Güter AY-Güter BX-Güter	• Bedarfssynchrone Beschaffung (Just-in-time-Anlieferung)	☐
	• Vorratsbeschaffung (es liegen immer Werkstoffe auf Lager)	☐
	• Beschaffung im Bedarfsfall (i.d.R. keine Lagerhaltung)	☐
CX-Güter BY-Güter AZ-Güter	• Bedarfssynchrone Beschaffung (Just-in-time-Anlieferung)	☐
	• Vorratsbeschaffung (es liegen immer Werkstoffe auf Lager)	☐
	• Beschaffung im Bedarfsfall (i.d.R. keine Lagerhaltung)	☐
BZ-Güter CZ-Güter CY-Güter	• Bedarfssynchrone Beschaffung (Just-in-time-Anlieferung)	☐
	• Vorratsbeschaffung (es liegen immer Werkstoffe auf Lager)	☐
	• Beschaffung im Bedarfsfall (i.d.R. keine Lagerhaltung)	☐

Info 1: Handbuch Beschaffung

BüroTec GmbH   Kapitel ABC-Analyse

Die **ABC-Analyse** ist ein Instrument, mit dessen Hilfe diejenigen Werkstoffe identifiziert werden können, denen im Rahmen der Beschaffung und der Lagerhaltung besondere Aufmerksamkeit zuteil werden sollte. Hierbei werden die Werkstoffe in drei Kategorien eingeteilt: A-Güter, B-Güter und C-Güter. Die Einteilung der Werkstoffe in A-, B- oder C-Gut liegt im Ermessen der Unternehmen, da es hierfür keine objektiv richtigen Maßstäbe gibt. Die BüroTec GmbH arbeitet mit folgenden Grenzwerten:

- A-Güter: Jahresverbrauchswert ab 10 %
- B-Güter: Jahresverbrauchswert ab 5 % bis unter 10 %
- C-Güter: Jahresverbrauchswert unter 5 %

Wenn man die Prozentanteile sämtlicher Werkstoffe einer Kategorie addiert, ergeben sich erfahrungsgemäß folgende Ergebnisse:

Kategorie	Summierter Anteil am Jahresverbrauchswert	Summierte Anteile an der Jahresverbrauchsmenge
A-Gut	70 % - 80 %	geringer Anteil
B-Gut	15 % - 20 %	30 % - 50 %
C-Gut	5 % - 10 %	40 % - 50 %
Gesamt	**100 %**	**100 %**

Hieraus ergibt sich exemplarisch folgende grafische Darstellung:

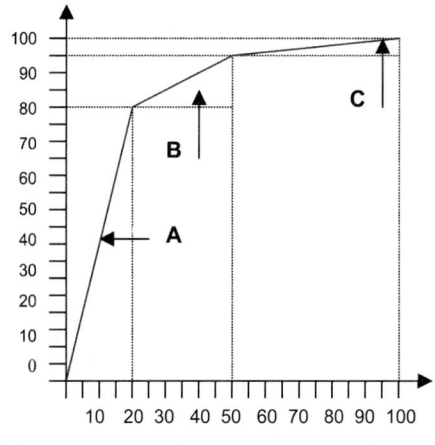

Die zu beschaffenden Werkstoffe können außer nach ihrem Jahresverbrauchswert wie bei der ABC-Analyse auch nach anderen Kriterien analysiert werden. Die **XYZ-Analyse** unterteilt die Werkstoffe nach ihrer Vorhersagegenauigkeit in X-Güter, Y-Güter und Z-Güter, d.h., Werkstoffe werden danach eingeteilt, wie genau Bedarfszeitpunkte und benötigte Stückzahlen vorhergesagt werden können. In der Praxis werden die Ergebnisse der ABC-Analyse häufig mit der XYZ-Analyse kombiniert.

Kategorie	Bedeutung
X-Gut	hohe Vorhersagegenauigkeit aufgrund konstanten Verbrauchs
Y-Gut	mittlere Vorhersagegenauigkeit aufgrund schwankenden Verbrauchs
Z-Gut	niedrige Vorhersagegenauigkeit aufgrund unregelmäßigen Verbrauchs

Info 2: Tabellarische Ermittlung der A-, B- und C-Güter

Pos.	Werk-stoffe	Jahres verbrauchs-menge in Stück	Anteil an der gesamten Jahres-verbrauchs-menge in %	Einstands-preis je Einheit in €	Jahres-verbrauchs-wert in €	Anteil am gesamten Jahres-verbrauchs-wert in %	A-, B- oder C-Gut
1	W1	12.000		10,00			
2	W2	4.420		160,00			
3	W3	18.000		65,00			
4	W4	14.000		3,00			
5	W5	25.000		20,00			
6	W6	18.000		5,00			
7	W7	10.000		90,00			
8	W8	8.000		7,00			
9	W9	4.000		6,00			
10	W10	6.000		4,00			
11	W11	11.000		2,00			
12	W12	14.000		6,00			
13	W13	31.000		2,00			
14	W14	34.000		11,00			
15	W15	12.000		110,00			
16	W16	1.000		33,00			
17	W17	15.000		35,00			
18	W18	15.000		0,75			
19	W19	5.000		180,00			
	Summe	257.420	100,00			100,00	

Info 3: Tabelle (Summierte Anteile der A-, B- und C-Güter)

Wert-gruppen	Werk-stoffe	Summierte Anteile an der Jahresverbrauchsmenge	Summierte Anteile am Jahresverbrauchswert
A-Güter			
B-Güter			
C-Güter			
	Summe	100 %	100 %

Info 4: Grafische Darstellung und Ableitung beschaffungspolitischer Maßnahmen

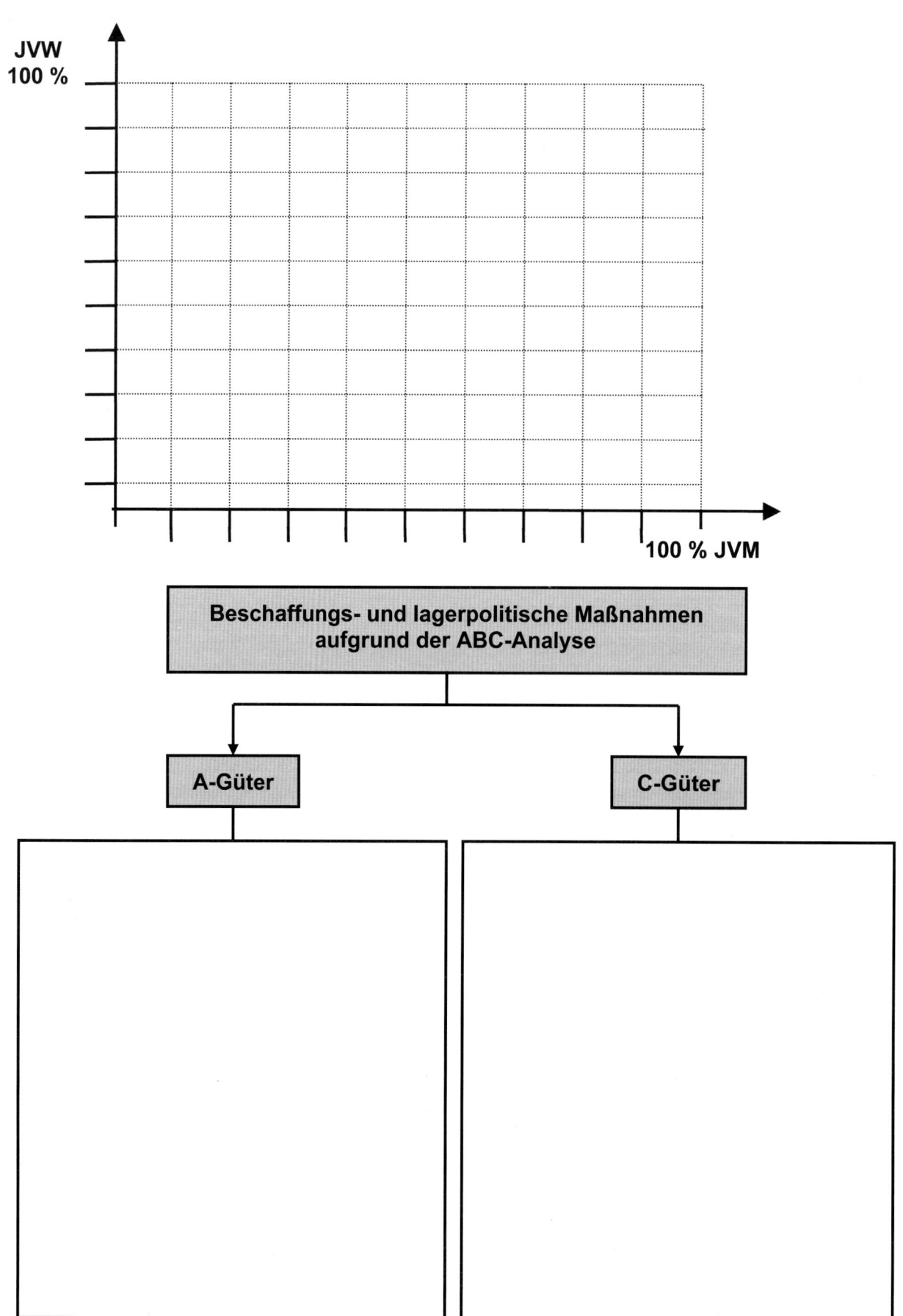

📖 Lernsituation:

Die BüroTec GmbH beabsichtigt, dem zunehmenden Wettbewerbsdruck in der Büromöbelbranche unter anderem dadurch zu begegnen, dass die Lagerhaltung im Werkstoffbereich hinsichtlich vorhandener Einsparmöglichkeiten durchleuchtet werden soll. Zu diesem Zweck sollen im Rahmen eines Bestandscontrollings für sämtliche auf Lager liegenden Werkstoffe Lagerkennziffern ermittelt und ausgewertet werden.

Exemplarische Lagerdatei: Stand 01/0X

Werkstoff-bezeichnung		Arbeitsplatte „kunststoffbeschichtet", lichtgrau (E3-Spanplatte)	Aktueller Lieferant		Erdmann KG
Teilenummer		480 250	Lieferzeit		7 Tage
Lagerplatz-Nr.		3022	Sicherheitsbestand		80 St.
Datum	Beleg	Zugang	Abgang	Bestand	Bestellung
01.01.	Inventur			200	
03.01.	ME 24 130		20	180	.
25.01.	ME 24 152		30	150	300
04.02.	BE 22 289	300		450	
15.02.	ME 24 185		50	400	
25.02.	ME 24 198		60	340	
07.03	ME 24 221		60	280	
30.03.	ME 24 229		50	230	
08.04.	ME 24 232		40	190	
18.04.	ME 24 249		40	150	300
01.05.	ME 24 271		50	100	
02.05.	BE 22 349	300		400	
10.05.	ME 24 276		60	340	
25.05.	ME 24 287		50	290	
02.06.	ME 24 310		40	250	
27.06.	ME 24 350		30	220	
25.07.	ME 24 380		70	150	300
01.08.	BE 22 420	300		450	
03.08.	ME 24 399		90	360	
10.08.	ME 24 410		60	300	
17.08.	ME 24 433		30	270	
02.09.	ME 24 455		70	200	
09.09.	ME 24 471		50	150	300
16.09.	BE 22 440	300		450	
05.10.	ME 24 495		50	400	
12.10.	ME 24 510		40	360	
28.10.	ME 24 530		60	300	
03.11.	ME 24 544		60	240	
25.11.	ME 24 565		40	200	
02.12.	ME 24 577		50	150	300
09.12.	BE 22 472	300		450	
10.12.	ME 24 589		70	380	
14.12.	ME 24 592		70	310	
31.12.	Inventur			310	

Arbeitsaufträge:

1. Die BüroTec GmbH unterhält ein großes Werkstofflager, um ständige Produktionsbereitschaft zu gewährleisten.

   1.1   Welche Kosten werden durch Lagerhaltung verursacht?
   1.2   Welche Vor- und Nachteile sind mit den zu hohen bzw. zu niedrigen Lagerbeständen verbunden

2. Überprüfen Sie im Rahmen des Bestandscontrollings für das Jahr 0X exemplarisch die Lagerbestände der in der Lagerdatei unter der Teilenummer 480 250 geführten Arbeitsplatte. Gehen Sie dabei wie folgt vor:

   2.1   Im ersten Schritt sollen die Zu- und Abgänge genauer betrachtet werden.

         2.1.1   Wie viel Arbeitsplatten wurden insgesamt bestellt?
         2.1.2   Wie viel Arbeitsplatten wurden verbraucht?
         2.1.3   Welchen Wert haben die verbrauchten Arbeitsplatten?

   2.2   Ermitteln Sie nun folgende Lagerkennzahlen und tragen Sie diese jeweils in die entsprechende Spalte ein.

         2.2.1   Ø Lagerbestand in Stück (genaueste Berechnung)
         2.2.2   Umschlagshäufigkeit
         2.2.3   Ø Lagerdauer
         2.2.4   Lagerzinssatz und
         2.2.5   Lagerzinsen

Kennzahl	BüroTec	Branche	Ergebnis des Vergleichs
Ø Lagerbestand in Stück			
Umschlagshäufigkeit			
Ø Lagerdauer			
Lagerzinssatz			
Lagerzinsen			

   2.3   Vergleichen Sie die ermittelten Lagerkennzahlen mit dem jeweiligen Branchendurchschnitt und tragen Sie das Ergebnis des Vergleichs in die obige Tabelle ein.

   2.4   Welche Maßnahmen können seitens der Materialwirtschaft ergriffen werden, um den Ø Lagerbestand und die Ø Lagerdauer zu senken sowie die Umschlagshäufigkeit zu erhöhen.

2.5 Nehmen Sie an, die eingeleiteten Maßnahmen waren erfolgreich. Der durchschnittliche Lagerbestand konnte auf 210 Stück gesenkt werden (alle anderen Daten wie Jahresverbrauch, Jahreszins und Einstandspreis werden als konstant angenommen). Berechnen Sie die Auswirkungen auf die übrigen Kennzahlen und ziehen Sie wieder den Vergleich zum Branchendurchschnitt.

Kennzahl	BüroTec	Branche	Ergebnis des Vergleichs
Ø Lagerbestand in Stück	210 Stück		
Umschlagshäufigkeit			
Ø Lagerdauer			
Lagerzinssatz			
Lagerzinsen			

3. Nehmen Sie an, alle durchgeführten Maßnahmen waren erfolgreich. Die Lagerkosten konnten insgesamt um 8 Prozent gesenkt werden. Die Geschäftsleitung hat entschieden, die eingesparten Kosten in Gänze an die Kunden weiterzugeben. Um wie viel Prozent können die Verkaufspreise unter folgenden Annahmen gesenkt werden?

Verkaufspreis je Stück	800,00 €	
Anteil der Lagerkosten an den Selbstkosten	10 %	Selbstkosten + Gewinn = Verkaufspreis
Anteil der Selbstkosten am Verkaufspreis	80 %	
Gewinnanteil am Verkaufspreis	20 %	

Info 1: Interne Mitteilung

BüroTec GmbH

Interne Mitteilung

an: Herrn Berg (Lager)

von: Karl Bloom
Abteilung: RW
Datum: 03.01.0X
Zeichen: Blo

Informationen Arbeitsplatte (Teilenummer 480 250)

Für das durch die Lagerhaltung gebundene Kapital wird ein seit vier Jahren konstanter Marktzinssatz von 10 Prozent kalkuliert. Der Einstandspreis der Arbeitsplatten liegt bei derzeit 96,00 € je Stück. Der Bundesverband der Büromöbelindustrie hat bezüglich der Lagerkennzahlen folgende Zahlen veröffentlicht: In vergleichbaren mittelständischen Unternehmen liegt der Ø Lagerbestand in Stück im Werkstoffbereich bei 214 Stück, die Umschlagshäufigkeit bei 6,5, die Ø Lagerdauer bei 55,38 Tage, der Lagerzins bei 1,54 Prozent und die Lagerzinsen im Durchschnitt bei 324,78 €.

Info 2: Handbuch Beschaffung

BüroTec GmbH   Kapitel Bestandscontrolling

Grundlagen

Das Ziel der Lagerhaltung ist darin zu sehen, ständige Lieferbereitschaft zu gewährleisten. Gleichzeitig soll die Lagerhaltung so kostengünstig wie möglich gestaltet sein.

Das Bestandscontrolling versucht anhand von verschiedenen **Kennzahlen** die Wirtschaftlichkeit der Lagerhaltung zu überprüfen. Wie man den unten aufgeführten Formeln entnehmen kann, basieren alle Kennzahlen letztlich auf dem Ø Lagerbestand.

Der Ø **Lagerbestand** gibt Auskunft darüber, wie viel im Jahresdurchschnitt auf Lager liegt. Er kann mengen- (z.B. in Stück) oder auch wertmäßig (z.B. in €) erfasst werden. Der Ø Lagerbestand in € gibt die Höhe des im Lager gebundenen Kapitals an. Er kann auf verschiedene Weise ermittelt werden. Variante A ist recht ungenau, Variante B ist wesentlich genauer, vernachlässigt aber wie Variante A den Sicherheitsbestand (auch Eiserner Bestand oder Mindestbestand genannt), Variante C berücksichtigt den Sicherheitsbestand, ist aber nur bei gleichmäßigem Lagerabgang anwendbar.

Ist der Ø Lagerbestand bekannt, kann die **Umschlagshäufigkeit** berechnet werden. Sie gibt an, wie oft der Ø Lagerbestand während eines Jahres umgesetzt wurde. Der Wert schwankt je nach Branche, Werkstoffart und Organisationsstandard des Unternehmens. Die Umschlagshäufigkeit kann ebenso wie der Ø Lagerbestand mengen- und wertmäßig erfasst werden.

Je höher die Lagerumschlagshäufigkeit, desto kürzer ist die Ø Lagerdauer. Die Ø **Lagerdauer** gibt an, wie lange die Werkstoffe im Durchschnitt im Lager verbleiben, bevor sie weiterverarbeitet werden.

Die Kosten in Form von entgangenen Zinsen für das in den Lagerbeständen investierte Kapital **(Lagerzinsen)** werden mit Hilfe des **Lagerzinssatzes** ermittelt. Er gibt an, wie viel Prozent Zinsen dafür kalkuliert werden müssen.

Formeln:

Ø Lagerbestand:	A:	$\dfrac{\text{Jahresanfangsbestand} + \text{Jahresendbestand}}{2}$
	B:	$\dfrac{\text{Jahresanfangsbestand} + 12\ \text{Monatsendbestände}}{13}$
	C:	$\dfrac{\text{Bestellmenge}}{2} + \text{Sicherheitsbestand}$
Umschlagshäufigkeit:		$\dfrac{\text{Jahresverbrauch}}{\text{Ø Lagerbestand}}$
Ø Lagerdauer:		$\dfrac{360\ (\text{Tage})}{\text{Umschlagshäufigkeit}}$
Lagerzinssatz:		$\dfrac{\text{Jahreszinssatz}}{\text{Umschlagshäufigkeit}}$
Lagerzinsen:		$\dfrac{\text{Lagerzinssatz} \times \text{Ø Lagerbestand in €}}{100}$

📖 **Lernsituation:**

Herr Weber, Einkaufsleiter der BüroTec GmbH, ist mit den bislang eingeleiteten Maßnahmen zur Kostensenkung im Beschaffungsbereich nicht unzufrieden. Dennoch hält er grundsätzlich nach weiteren Möglichkeiten Ausschau, die Beschaffungsprozesse zu optimieren. Schon länger hat er sich vorgenommen, sich einmal näher mit der Just-in-time-Anlieferung zu beschäftigen. Nun scheint die Zeit gekommen. Herr Weber nutzt das verlängerte Wochenende und setzt sich mit den Zeitungs- und Zeitschriftenartikeln, die er seit einiger Zeit gesammelt hat, an seinen Schreibtisch und beginnt sich intensiv mit dem Thema auseinanderzusetzen.

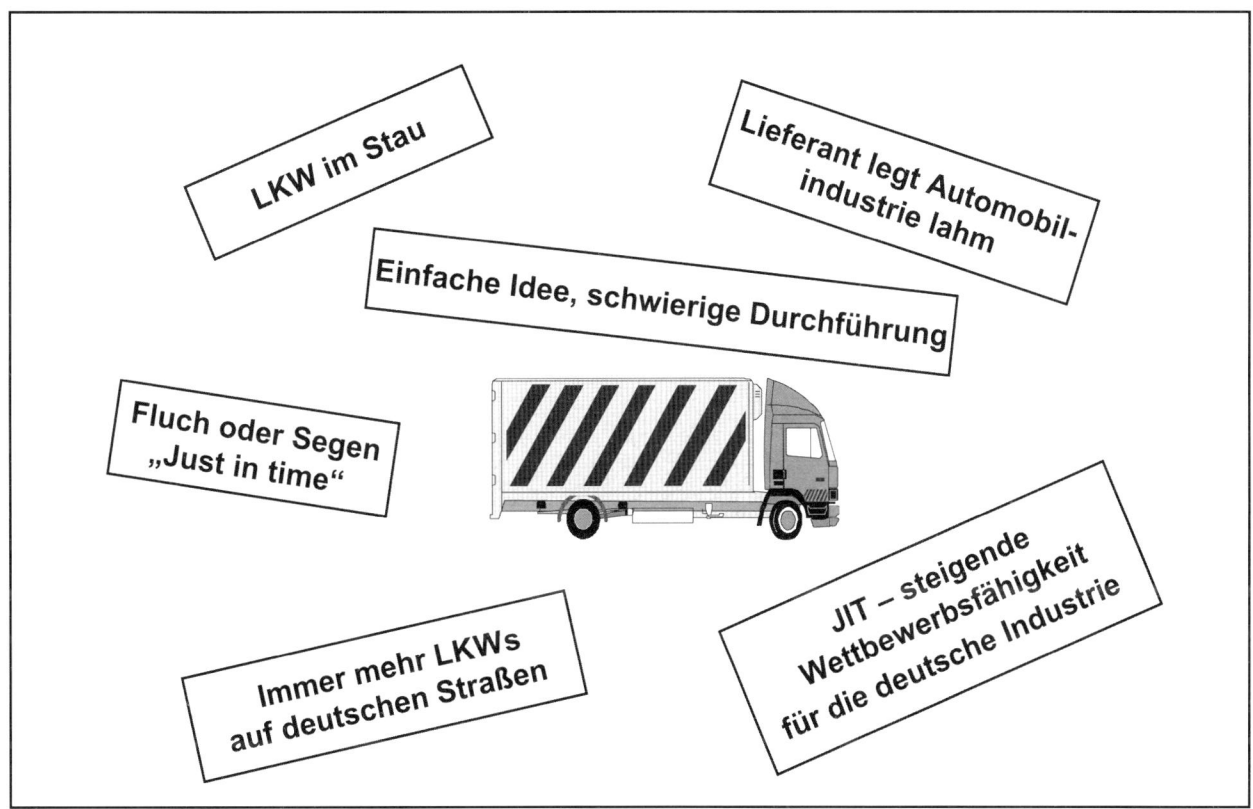

🖊 **Arbeitsaufträge:**

1. Beschreiben Sie das Konzept Just-in-time-Anlieferung (JIT-Anlieferung) anhand folgender Leitfragen:

   - Was bedeutet Just-in-time-Anlieferung?
   - Welches Ziel wird vorrangig mit der Just-in-time-Anlieferung verfolgt?
   - Für welche Werkstoffe wird die Just-in-time-Anlieferung i.d.R. angewandt?
   - Welche Voraussetzungen müssen gegeben sein, um die Just-in-time-Anlieferung verwirklichen zu können?

   Verwenden Sie hierfür Info 2 und das Schaubild (Info 1).

2. Erläutern Sie die Probleme, die bei der Just-in-time-Anlieferung auftreten können.

3. Zeigen Sie, bezogen auf die unter Arbeitsauftrag 2 angeführten Probleme, Lösungsalternativen auf (Info 3).

Info 1: Schaubild „Just-in-time-Anlieferung"

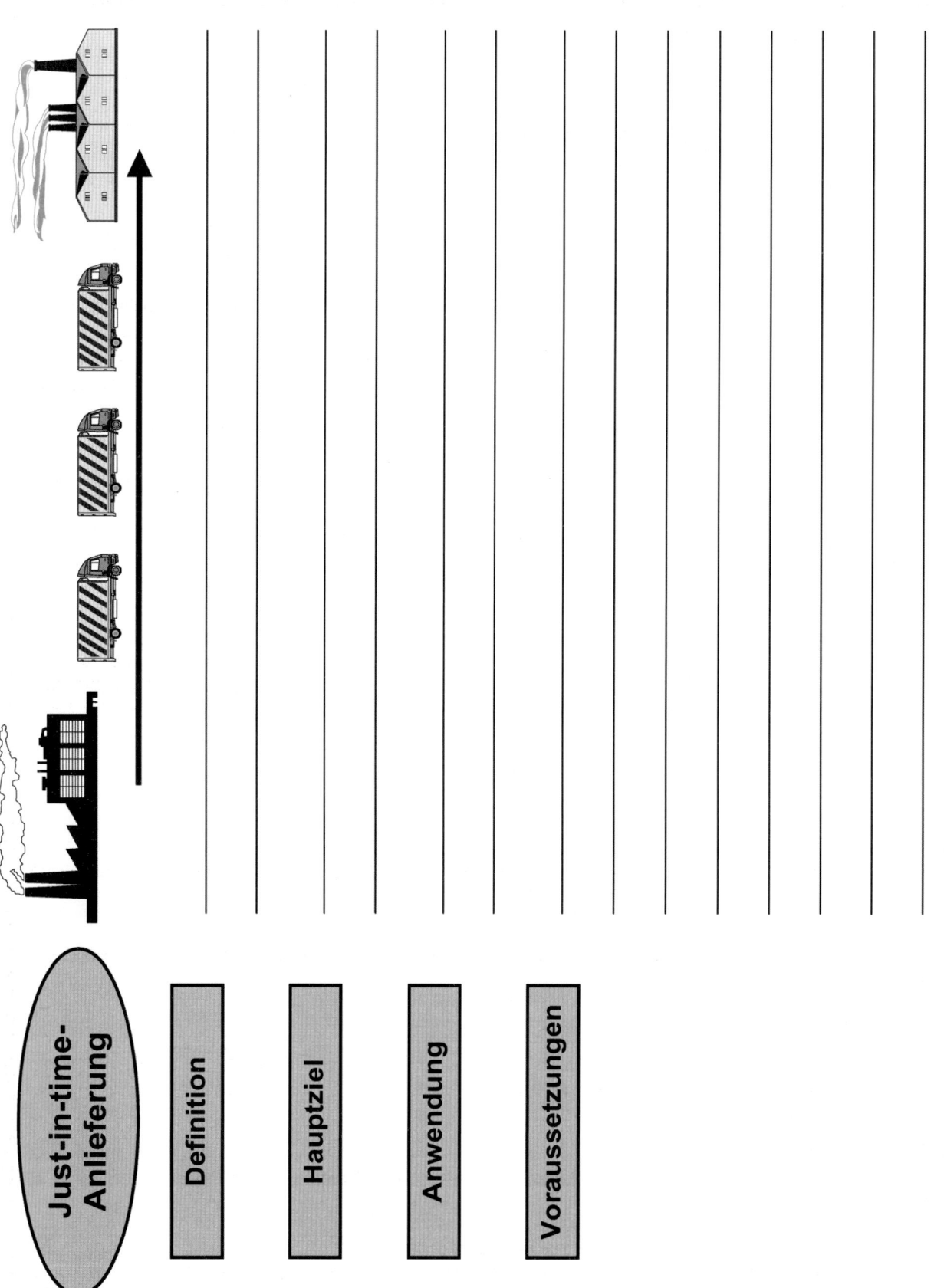

Info 2: Informationsbroschüre der Unternehmensberatung Robert Buschner

Das 1 x 1 des modernen Einkaufs

R

B Robert Buschner

Just in time –
einfache Idee, schwierige Durchführung

Unternehmensberatung

Bei der fertigungssynchronen Beschaffung, auch Just-in-time-Anlieferung genannt, gelangen die Werkstoffe sofort in den Produktionsprozess. Lagerbestände sollen nach Möglichkeit gar nicht erst entstehen. So können Kapitalbindungskosten und andere Kosten, die mit der Lagerhaltung verbunden sind, gesenkt werden. Allerdings ist zu berücksichtigen, dass z.B. aufgrund der höheren Transportkosten des Lieferanten auch die Bezugspreise steigen können.

Bei der Verwirklichung der Just-in-time-Anlieferung sind bestimmte Voraussetzungen zu berücksichtigen.

Zwingend erforderlich ist eine enge Abstimmung der Material- und Informationsflüsse zwischen Lieferant und Hersteller durch leistungsfähige DV-Systeme. So sollten beispielsweise Lieferabrufe, die in das DV-System des Herstellers eingegeben werden, direkt im DV-System des Lieferanten angezeigt werden. In der Automobilindustrie wird beispielsweise realisiert, dass beim Lieferanten morgens die Sitze in der Reihenfolge produziert und auf den Lkw des Spediteurs verladen werden, wie sie am Nachmittag im Automobilwerk eingebaut werden.

Darüber hinaus sind eine möglichst exakte Vorhersagbarkeit des Materialbedarfs sowie gleich bleibende Liefermengen nötig, da auch der Flexibilität der Lieferanten Grenzen gesetzt sind.

Zudem erfordert die Just-in-time-Anlieferung eine pünktliche Lieferung und einen hohen Qualitätsstandard, denn für Nacharbeit von fehlerhaften Lieferungen besteht bei Just-in-time-Anlieferung kein Spielraum mehr. Durch den weitgehenden Wegfall der Wareneingangskontrolle findet eine Verlagerung der Qualitätskontrolle auf den Lieferanten statt.

Da fehlende oder fehlerhafte Lieferungen zu Produktionsstillstand führen können, müssen besonders zuverlässige Lieferanten ausgewählt werden, die über entsprechendes Know-how im Logistikbereich verfügen. In diesem Zusammenhang ist es sinnvoll, langfristige Rahmenverträge anzubieten, die dem Lieferanten Planungssicherheit geben und damit die Just-in-time-Anlieferung auch für den Lieferanten attraktiv machen. Auf der anderen Seite sind in diesen Verträgen die exakte Einhaltung der Liefertermine festzuschreiben und die rechtlichen Konsequenzen aufzuzeigen, falls diese nicht eingehalten werden, z.B. durch Festlegung von hohen Konventionalstrafen.

Die Just-in-time-Anlieferung beinhaltet i.d.R. folgende Phasen:

Phase 1: Teileauswahl

Für die Just-in-time-Anlieferung eignen sich insbesondere Werkstoffe mit hohem Verbrauchswert (so genannte A-Güter) und hoher Vorhersagegenauigkeit.[1]

Phase 2: Lieferantenauswahl

Für Just-in-time-Anlieferung müssen besonders zuverlässige Lieferanten gefunden werden, mit denen vertrauensvoll zusammengearbeitet werden kann.

Phase 3: Abschluss von Rahmenverträgen

Die Verträge beinhalten die Lieferungs- und Zahlungsbedingungen sowie die Mengen, die der Käufer (Hersteller) innerhalb der Vertragslaufzeit abnehmen möchte. Sie werden zumeist über einen Zeitraum von 12 Monaten bis 18 Monaten abgeschlossen. Danach erfolgt eine Aktualisierung aufgrund der Bedarfsprognosen.

Phase 4: Lieferabruf durchführen

Hier werden Liefermenge, Liefertermin und Lieferort mit Hilfe moderner DV-Systeme konkret festgelegt. Der Vorlauf beträgt etwa zwei Wochen.

---

[1] Werkstoffe, deren Verbrauch sehr genau vorhergesagt werden kann, werden als X-Güter bezeichnet. Sie können im Rahmen einer XYZ-Analyse ermittelt werden, wobei diejenigen Werkstoffe, deren Verbrauch nicht exakt vorhergesagt werden kann, zu den Z-Gütern zählen. Die XYZ-Analyse wird häufig mit der ABC-Analyse kombiniert. So haben die AX-Güter einen hohen Verbrauchswert und ihr Verbrauch ist recht genau vorherzusagen.

Info 3: Informationsbroschüre der Unternehmensberatung Robert Buschner

Das 1 x 1 des modernen Einkaufs

R
B Robert Buschner

Just in time –
Probleme sind lösbar

Unternehmensberatung

Im Rahmen der Just-in-time-Anlieferung kommt es häufig zu Problemen, wie unpünktliche Lieferungen durch hohes Verkehrsaufkommen und tendenziell höhere Transportkosten durch viele nicht voll ausgelastete Fahrten.

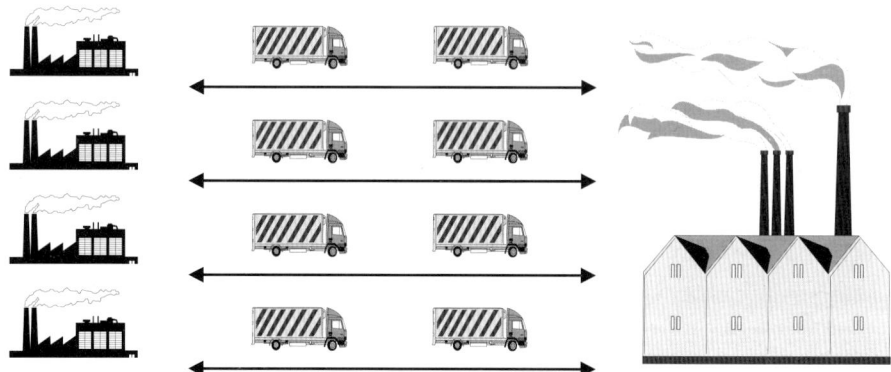

Um diese Probleme zu verringern sind im Laufe der Zeit mehrere Konzepte entwickelt worden, die insbesondere von der Automobilindustrie genutzt werden:

- Kombinierter Verkehr
- JIT-Lager
- Industrieparks
- Konsignationslager
- Milk-run-System

Werden Güter z.B. in Containern für einen Teil der Strecke mit dem Lkw und auf einem anderen Teil der Strecke mit der Bahn transportiert, spricht man vom **kombinierten Verkehr**. Die Güter werden beim Kunden in Container verladen, per Lkw über die Straße abgeholt und zum nächsten Containerterminal gebracht (Straßenabholung). Hier werden die Container vom Lkw auf die Bahn verladen. Sie werden nun per Schiene zum Containerterminal des Zielortes transportiert (Schienentransport). Dort werden die Container wieder auf den Lkw verladen und über die Straße zum Empfänger befördert (Straßenzustellung).

Ein **JIT-Lager** ist ein vom Lieferanten betriebenes Lager in räumlicher Nähe zum Hersteller. Die kurze Transportentfernung vom JIT-Lager zum Werk des Herstellers gewährleistet eine hohe Liefertermintreue. Der Transport der Werkstoffe zum JIT-Lager kann zum Teil umweltfreundlich mit der Bahn im kombinierten Verkehr durchgeführt werden. Berechnungen haben ergeben, dass sich bei Anlieferungsfrequenzen ab viermal pro Tag und durchschnittlich 300 Kilometern je Transport die Einrichtung eines JIT-Lagers betriebswirtschaftlich lohnen kann.

Unter einem **Industriepark**, auch Lieferantenpark genannt, wird eine gemeinschaftliche Ansiedlung von mehreren Lieferanten eines Herstellers in der Nähe des Produktionsstandortes verstanden. Die einzelnen Lieferanten arbeiten selbstständig, können aber z.B. gemeinsame Büroräume nutzen.

Stellt der Hersteller im eigenen Werk Lagermöglichkeiten für den Lieferanten zur Verfügung, spricht man vom **Konsignationslager**. Der Lieferant ist für die Lieferbereitschaft zuständig. Voraussetzung hierfür ist, dass der Lieferant über den mittelfristigen Bedarf Bescheid weiß. Die Werkstoffe können just in time entnommen und für die Produktion verwendet werden.

Beim **Milk-run-System** werden auf einer definierten Tour Lieferanten des Herstellers vom Spediteur angefahren. Hierbei wird eine festgelegte Strecke mit vorgegebenen Abholzeiten sowie Mengen eingehalten. Die gesammelten Güter werden just in time beim Hersteller angeliefert.

📖 Lernsituation:

Jeden Mittwoch ruft Herr Weber, Leiter des Einkaufs, seine beiden Mitarbeiter Frau Rother und Herrn Müller zu einer Lagebesprechung zusammen, um bestehende Probleme zu diskutieren.

Beschaffung via Internet

Herr Weber: Frau Rother, Herr Müller, erfreulicherweise kann ich Ihnen mitteilen, dass unsere eingeleiteten Maßnahmen, die Kosten im Beschaffungsbereich zu senken, erfolgreich waren.

Frau Rother: Eine gute Nachricht. Ich denke, insbesondere die Konzentration unserer Aktivitäten auf A-Güter hatte hierbei einen entscheidenden Anteil. Die intensiven Preisverhandlungen, die wir mit unseren Lieferanten geführt haben, waren überwiegend erfolgreich.

Herr Müller: Ganz meine Meinung, Frau Rother. Und bestimmt hat auch die sorgfältigere Auswahl unserer Lieferanten einen positiven Effekt gehabt. Die Kosten, die sonst durch mangelhafte und unpünktliche Lieferungen entstanden sind, konnten sicherlich reduziert werden.

Herr Weber: Sehr richtig, Herr Müller. Und auch die anderen Maßnahmen, die wir ergriffen haben, haben anscheinend gefruchtet. Sowohl die Ermittlung der optimalen Bestellmenge als auch die Einführung eines effektiven Bestandscontrollings haben sich positiv ausgewirkt.

Frau Rother: Auf der anderen Seite – die Konkurrenz schläft nicht.

Herr Weber: So ist es, Frau Rother. Erst gestern habe ich einen Artikel gelesen, in dem von enormen Einsparpotenzialen bei indirekten Gütern wie Büromaterial, EDV-Zubehör und Ähnlichem die Rede war.

Frau Rother: Sie sprechen vom E-Procurement. Davon habe ich auch schon häufiger gehört.

Herr Müller: E-Procurement? Was verbirgt sich dahinter?

Frau Rother: Nun, kurz gesagt, es geht um die Beschaffung via Internet.

Herr Müller: Es gibt sicher manch günstiges Angebot auf den Webseiten oder in den Online-Shops unserer Lieferanten. Aber, enorme Einsparpotenziale? Ich weiß nicht recht.

Frau Rother: Ich kann Ihre Bedenken verstehen, Herr Müller. Aber beim E-Procurement geht es um viel mehr.

Herr Weber: Nun, Frau Rother, dann möchte ich Sie bitten, sich intensiv mit dem Thema auseinander zu setzen und uns darüber zu informieren, ob auch wir vom E-Procurement profitieren können.

✏ Arbeitsaufträge:

1. Erstellen Sie mit Hilfe des Artikels „E-Procurement – neue Wege in der Beschaffung" ein detailliertes Mind-Map zum Thema E-Procurement (Info 1 und 2).
2. Nennen Sie Voraussetzungen, die Ihrer Meinung nach bei der Nutzung von E-Procurement gegeben sein müssen, und Risiken, die sich aus der Nutzung von E-Procurement ergeben.

3. Nehmen Sie an, die Materialkosten konnten durch die konsequente Anwendung von E-Procurement um 5 Prozent verringert werden. So konnten z. B. die Materialkosten für den Schreibtisch ST 300 von 240,00 € um 12,00 € auf 228,00 € gesenkt werden. Um wie viel € kann der Listenverkaufspreis brutto unter sonst gleichen Bedingungen gesenkt werden?

Fertigungslöhne	200,00 €	Fertigungsgemeinkosten	60 %
Gewinn	25 %	Vertriebs- u. Verwaltungsgemeinkosten	20 %
Rabatt	10 %	Skonto	3 %

Info 1: Mind-Map-Struktur

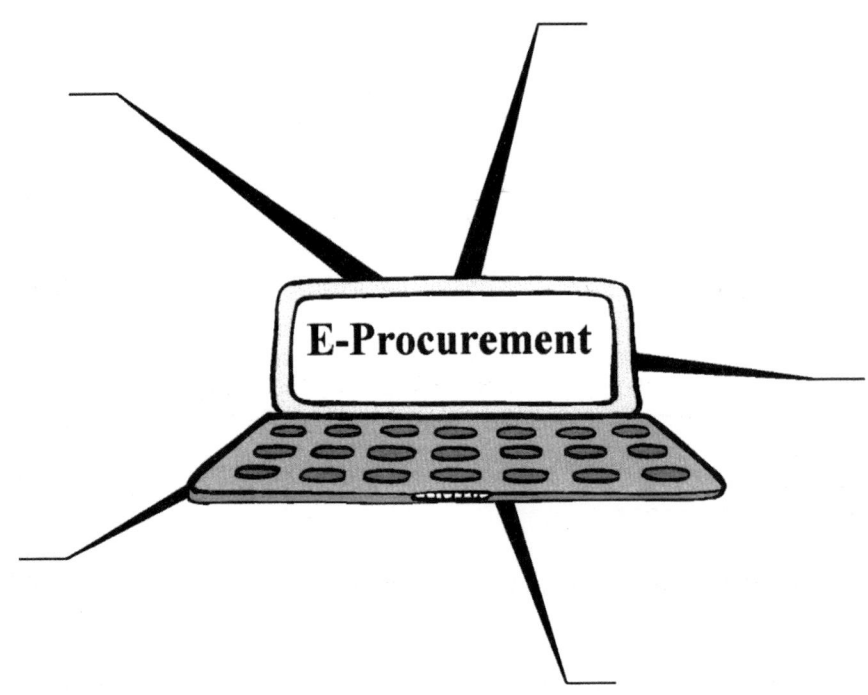

Info 2: Informationsbroschüre der Unternehmensberatung Robert Buschner

Das 1 x 1 des modernen Einkaufs

E-Procurement –
neue Wege in der Beschaffung

R
B Robert Buschner

Unternehmensberatung

Vor dem Hintergrund des verschärften Wettbewerbs auf nationalen und internationalen Märkten zeigt sich, dass nur diejenigen Unternehmen erfolgreich sind, die ihre Produkte zu akzeptablen und somit geringen Verkaufspreisen anbieten können. Dies ist jedoch nur möglich, wenn es den Unternehmen gelingt, Kosten einzusparen. Mit dem so genannten E-Procurement, der elektronischen Abwicklung von Beschaffungsprozessen über das Internet, steht dem Einkauf ein weiteres Instrument zur Verfügung, das einen nicht zu unterschätzenden Beitrag zur Senkung der Kosten in diesem Bereich leisten kann.

Zunächst gilt es allerdings zu beachten, dass sich E-Procurement nicht für alle zu beschaffenden Güter eignet. E-Procurement eignet sich insbesondere für indirekte Güter wie z.B. Büromaterial, Büromöbel, Telekommunikationsprodukte, Arbeitskleidung und EDV-Zubehör sowie für produktbezogene C-Güter wie z.B. Schrauben und Muttern. Indirekte Güter werden oft auch als MRO-Güter bezeichnet, wobei MRO für Maintenance, Repair & Operations, zu Deutsch: Instandhaltungs-, Reparatur- und operativer Bedarf, steht.

Die meisten Unternehmen beschaffen ihre indirekten- oder produktbezogenen C-Güter bei vielen verschiedenen Lieferanten, mit denen oftmals keine Volumenverträge abgeschlossen wurden. Durch die große Verbreitung des Internets bietet sich nun eine kostengünstige Variante, den Beschaffungsprozess zu automatisieren.

Der konventionelle Beschaffungsprozess lässt sich beispielhaft wie folgt beschreiben: Ein Mitarbeiter der Serviceabteilung benötigt ein Mobiltelefon. Zunächst wird die Genehmigung des Abteilungsleiters dafür eingeholt. Die Bedarfsmeldung geht sodann in den Einkauf. Der Einkauf sucht einen geeigneten Lieferanten aus, fordert Kataloge und Preislisten an, schreibt die Bestellung und schickt die Bestellung an den Lieferanten (vielleicht per Fax, vielleicht auch noch per Brief). Der Lieferant nimmt die Bestellung an und gibt sie (wiederum per Hand) in sein System ein. Es folgt die Lieferung mit Lieferschein. Schließlich wird eine Rechnung erstellt, dem Kunden zugesandt, dort kontrolliert, per manueller Überweisung beglichen und zum guten Schluss abgelegt.

Schon diese kurze Schilderung deutet einige Problemfelder an, auf die im Folgenden näher eingegangen wird.

Einschlägigen Untersuchungen zufolge beträgt die durchschnittliche Durchlaufzeit von der Bedarfsermittlung bis zur Bestellung neun Tage und die Durchlaufzeit von der Bedarfsermittlung bis zur Rechnungsprüfung sogar durchschnittlich 16 Tage. Das ist recht lang und „Zeit ist Geld".

Die hohen Kosten, die der Beschaffungsprozess verursacht, sind ein weiteres Problem. Es kursieren Durchschnittszahlen von über 100,00 € je Beschaffungsvorgang. Insbesondere für geringwertige C-Güter oder indirekte Güter, wie z.B. Kugelschreiber für 50 Cent, erscheint das fast absurd.

Zudem zahlen die Unternehmen bei der Beschaffung außerhalb verhandelter Volumenkontrakte höhere Preise. Über 30 % der Produkte werden laut Untersuchungen bei Lieferanten bezogen, mit denen keine Volumenkontrakte abgeschlossen wurden.

Fortsetzung

Dafür zahlen die Unternehmen im Durchschnitt 16 % höhere Preise. Ein weiteres, nicht zu unterschätzendes Problem, besteht darin, dass erfahrungsgemäß ca. 40 % des Beschaffungsvolumens an C-Gütern ohne Beteiligung des Einkaufs beschafft werden. Man spricht in diesem Zusammenhang vom Maverick Purchasing. Dies führt zu bis zu 30 % höheren Einstandspreisen und birgt die Gefahr von Qualitätseinbußen in sich, die dann wiederum zu einem erhöhten Bearbeitungsaufwand für den Einkauf führen.

Bezogen auf die Beschaffung indirekter oder produktbezogener C-Güter, kann der Einkauf auf elektronischen Märkten die genannten Probleme verringern.

Auf einem realen Marktplatz kommt eine Vielzahl von Anbietern an einem Ort zusammen, um ihre Waren einer Vielzahl von Nachfragern feilzubieten. Die Nachfrager haben die Möglichkeit, die Anbieter und deren Produkte kennen zu lernen, Preise zu vergleichen und zu kaufen. Alle diese Vorgaben gelten auch für die elektronischen Marktplätze. Nur ist der Ort der Zusammenkunft nicht durch eine Straßenadresse beschrieben, sondern durch eine WWW-Adresse definiert – ein Ort im virtuellen Raum sozusagen oder einfach ausgedrückt: eine Website. Ein elektronischer Markt ist also ein Ort im virtuellen Raum, auf dem eine Vielzahl von Anbietern und Nachfragern zusammenkommt, um dort Geschäfte anzubahnen und abzuschließen. Durch die Tatsache, dass auch der Abschluss eines (Kauf-)Vertrages möglich ist, unterscheiden sich die elektronischen Marktplätze klar von elektronischen Branchenverzeichnissen, wie z.B. die Online-Ausgabe von „Wer liefert was?" (www.wlwonline.de), wo i.d.R. nur die Anbahnung eines (Kauf-)Vertrages möglich ist. Dadurch, dass auf einem elektronischen Marktplatz eine Vielzahl von Anbietern zu finden ist, grenzen sie sich von ganz gewöhnlichen Online-Shops ab, in denen man die Produkte nur eines Unternehmens erstehen kann. Streng genommen ist die Definition noch nicht ganz vollständig, denn alle Vorgaben gelten auch für ein Online-Kaufhaus wie beispielsweise www.quelle.de von der Quelle GmbH. Hier werden, wie in realen Kaufhäusern auch, Waren gleicher Gattung von verschiedenen Herstellern angeboten. Wer etwas kauft, tut dies nicht beim Hersteller, sondern beim Betreiber des Online-Kaufhauses. Hier liegt der Unterschied zum elektronischen Marktplatz. Beim elektronischen Marktplatz kauft man nicht beim Betreiber der Website, sondern beim Hersteller der Ware. Der Betreiber des elektronischen Marktplatzes tritt also nicht als Vertragspartner auf. Er stellt nur die „Infrastruktur" zur Verfügung, damit Handel stattfinden kann, und zieht dafür z.B. Gebühren ein.

Grundsätzlich sind drei verschiedene Varianten von elektronischen Marktplätzen zu unterscheiden:

- katalogbasierte Marktplätze
- ausschreibungsbasierte Marktplätze
- auktionsbasierte Marktplätze

Bei katalogbasierten Marktplätzen werden meist Kataloge verschiedener Hersteller für ein breites Warenspektrum aggregiert. Aggregiert heißt in diesem Fall zusammengefasst und in einen Gesamtkatalog überführt. Die Warenangebote werden somit ihrer Eigenständigkeit beraubt. Der Besteller hat dann die Möglichkeit, herstellerunabhängig im Gesamtkatalog zu suchen. Er muss nur mit einer Anwendung klarkommen und muss sich nicht an die Einzelkataloge der verschiedenen Hersteller gewöhnen. Häufig übernimmt der Marktplatzbetreiber auch die komplette Logistik und erstellt eine Sammelrechnung über alle ausgesuchten Artikel, obwohl die Artikel von verschiedenen Herstellern kommen. Beispiel für katalogbasierte Märkte: www.mercateo.com (C- und Büroartikel).

Auf ausschreibungsbasierten Marktplätzen können Einkäufer teilweise sehr detailliert formulierte Gesuche „in den Markt schicken".

Fortsetzung

Dies kann bedeuten, dass die Gesuche automatisch an passende Lieferanten in einem bereits bestehenden Pool weitergeleitet werden, wie z.B. bei www.dcidb.com (Computer, EDV), oder der Einkäufer die Möglichkeit hat, im Pool Lieferanten selektiv zur Angebotsabgabe aufzufordern, wie z.B. www.e-steel.de (Stahl). In dem Fall, dass kein Pool existiert, übernehmen einige Marktplatzbetreiber auch die Recherche nach geeigneten Lieferanten und bahnen die Angebotsabgabe an. Beispiel: www.econia.de.

Auktionen in den verschiedensten Formen bilden das Rückgrat vieler Marktplätze. Vorherrschend ist die klassische/englische Auktion, wo der höchste Bieter den Zuschlag erhält. Der Auktionator bestimmt das Mindestgebot, die Mindestschritte und den Zeitpunkt, zu dem die Auktion endet. Beispiel: www.netbid.de (Gebrauchtmaschinen).

Die Reverse Auction (= umgekehrte Auktion) ist die Umkehrvariante der englischen Auktion. Hier gibt der Käufer seinen Bedarf an Waren oder Dienstleistungen bekannt und die Anbieter geben ihre Gebote ab, der günstigste bekommt den Zuschlag. Diese Auktion findet besonders großen Anklang im B2B-Bereich und kann mit nachweisbaren Erfolgen für die einkaufenden Unternehmen aufwarten. Beispiel: www.portum.de.

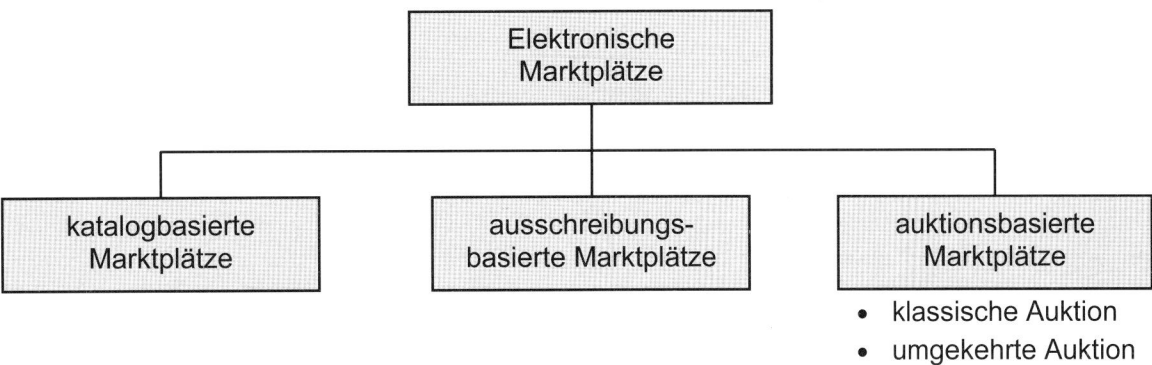

Welchen Nutzen hat ein elektronischer Markt für den Einkäufer? Grundsätzlich sollen die elektronischen Marktplätze helfen, die Einstandspreise sowie die Prozesskosten zu verringern. Dies soll anhand einiger Beispiele näher erläutert werden.

Auf elektronischen Marktplätzen kommt auf der Anbieterseite eine große Anzahl von Lieferanten aus eigenem Antrieb zusammen und der Einkäufer kann sich seine Favoriten aussuchen. Mögliche Auswirkung: die Einstandspreise sinken. Das Internet macht Anbieter und ihre Konditionen auf virtuellen Märkten transparent. Preise können somit sehr einfach verglichen und somit kann der günstigste Lieferant leicht ausgewählt werden.

Diese Transparenz erhöht wiederum den Wettbewerbsdruck für die Anbieter. Mögliche Auswirkung: die Bezugskosten sinken. Zeitliche oder örtliche Vorteile, die Anbieter bisher auf „herkömmlichen" Märkten für sich reklamieren konnten, fallen nicht mehr ins Gewicht. Die elektronischen Märkte sind 24 Stunden an 7 Tagen in der Woche geöffnet. Für die Anbieter globalisiert sich die Konkurrenz, da ausländische Anbieter problemlos auf dem Markt teilnehmen können. Der Einkäufer erhält so die Möglichkeit, seine Einkaufsaktivitäten auf einfache Weise auszuweiten. Mögliche Auswirkung: die Einstandspreise sinken.

Der elektronische Markt ist die Plattform für den gesamten Beschaffungsprozess. Von der Bezugsquellenermittlung über Kontaktaufnahme, Preisbildung, Vertragsabschluss und Rechnungsausgleich. Die normalerweise auftretenden ständigen Medienbrüche (Papier, DV-System etc.) entfallen. Die Durchlaufzeiten im Einkauf verringern sich. Mögliche Auswirkung: die Prozesskosten sinken.

Fortsetzung

Die Betreiber elektronischer Märkte versuchen die Seriosität der teilnehmenden Unternehmen vor deren Markteintritt zu überprüfen. Die Maßnahmen dafür reichen von einem ausführlichen Registrierungsfragebogen über die Anforderung von Kreditwürdigkeitsdaten bis zur Notwendigkeit, Bankbestätigungen einreichen oder eine Firmenbesichtigung genehmigen zu müssen. Viele elektronische Marktplätze bieten heute schon Schnittstellen für die betrieblichen ERP-Systeme (SAP, Navision, KHK Classic Line etc.) sowohl beim Anbieter als auch beim Nachfrager. Dadurch rücken alle drei Parteien enger zusammen. Geschäftsaktivitäten wirken sich dann auch ohne Umweg im ERP (= Enterprise Resource Planning) des Unternehmens aus und müssen nicht in irgendeiner Form übernommen werden. Mögliche Auswirkung: die Prozesskosten sinken.

Die genannten Aspekte beschreiben allgemeine Vorteile von elektronischen Marktplätzen, d.h., die aufgeführten elektronischen Marktplätze bieten nicht immer alle der oben aufgeführten Vorteile.

Die Benutzung eines elektronischen Marktplatzes ist selten kostenlos. Da der Betreiber eines Marktes nicht selbst als Käufer, Verkäufer oder Vermittler auftritt, muss er sich z.B. durch Gebühren finanzieren. Dafür gibt es die verschiedensten Modelle. Am häufigsten sind die folgenden drei, die auch in Kombinationen auftreten:

- feste Grundgebühren pro Monat oder Quartal
- Aktionsgebühren
- erfolgsabhängige Provisionen

Feste Grundgebühren pro Monat oder Quartal entsprechen einer Art Mitgliedsbeitrag. Die untere Grenze liegt meistens bei ca. 50,00 € pro Jahr, die obere bei ca. 7.500,00 € pro Jahr. Gerade dann, wenn hohe Gebühren zu zahlen sind, können sich die Teilnehmer den Marktplatz häufig in einer zeitlich begrenzten Testphase kostenlos ansehen.

Aktionsgebühren fallen an, wenn ein Einkäufer beispielsweise eine Auktion eröffnen will oder ein Verkäufer ein Gebot darauf abgeben will. Funktioniert das alles automatisch, liegen die Gebühren meist im ein- bis zweistelligen Bereich, verbirgt sich dahinter die eigentliche Leistung eines Marktplatzes, kann es noch teurer werden. Dies ist z. B. bei umgekehrten Auktionen der Fall. Die Hauptleistung des Marktplatzes besteht darin, diese Auktion herbeizuführen, die Teilnehmer zu informieren etc.

Erfolgsabhängige Provisionen entstehen, wenn tatsächlich ein Geschäft zu Stande kommt, und beziehen sich auf die Höhe des Auftragsvolumens. Zumeist muss der Verkäufer diese Gebühren entrichten. Die Höhe der Provision ist natürlich von Branche zu Branche verschieden. Marktplätze, auf denen Stahlkapazitäten umgeschlagen werden, verlangen 0,3–0,7 %. Bei Auktionen von Gebrauchtmaschinen sind schon mal 5–6 % abzuführen.

Als Schlussfolgerung lässt sich festhalten: In der Praxis zeigt sich, dass durch den Einsatz von E-Procurement 10 bis 30 % der Prozesskosten eingespart werden können. Hinzu kommen Einsparungen bei den Einstandspreisen in Höhe von 2–5 %. Allerdings hängt die Höhe der Einsparungen natürlich stark davon ab, wie der bisherige Beschaffungsprozess ohne E-Procurement organisiert ist.

 Lernsituation:

Die BüroTec GmbH benötigt neben den in den Stücklisten aufgeführten Werkstoffen u.a. große Mengen Metalllack. Die Bedarfsermittlung für die Metalllacke, die für die Lackierung der Schreibtische benötigt werden, wird bei der BüroTec GmbH verbrauchsgesteuert durchgeführt. Aus den Verbrauchsstatistiken ist zu ersehen, dass im Durchschnitt pro Kalendertag 50 l Metalllack in der Farbe Schwarz verbraucht werden. Am Nachmittag des 01.06.0X wurde ein Lagerbestand von 500 l ermittelt. Wegen Verbrauchsschwankungen im Verlauf des Jahres wird mit einer Reserve von 100 l gerechnet. Die Lieferzeit für den benötigten Metalllack beträgt 5 Tage. Die von der Einkaufsleitung festgelegte Bestellmenge beträgt 600 l.

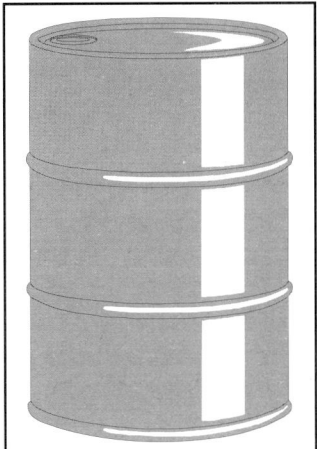

 Arbeitsaufträge:

1. Stellen Sie eine Wertetabelle (Info 2) auf, aus der die Entwicklung des Lagerbestands im Monat Juni ersichtlich wird. Gehen Sie von folgenden Annahmen aus:

   - Es wird an 30 Arbeitstagen gearbeitet.
   - Die Ermittlung des aktuellen Lagerbestands erfolgt täglich gegen 15:30 Uhr (Schichtende in der Fertigung 15:00 Uhr, Neulieferungen erreichen die BüroTec GmbH gegen 16:00 Uhr, diese werden noch am gleichen Tag bestandsmäßig erfasst).

2. An welchem Tag wird der Mindestbestand erreicht?

3. Bei welchem Lagerbestand muss der Metalllack neu bestellt werden?

4. An welchem Tag ist der Metalllack zu bestellen?

5. Welcher Lagerbestand wird sofort nach dem Eintreffen des bestellten Metalllacks erreicht?

6. Stellen Sie die Entwicklung im Monat Juni grafisch dar (Info 2).

7. Welches Problem tritt auf, wenn sich die Lieferung um

   7.1   2 Tage oder
   7.2   3 Tage

   verzögert? Erläutern Sie die Folgen, die sich hieraus für die BüroTec GmbH ergeben.

8. Wie können die unter Arbeitsauftrag 7 angesprochenen Probleme vermieden werden?

9. Vervollständigen Sie den Lückentext zum Bestellpunktverfahren (Info 3).

10. Außer dem Bestellpunktverfahren kann im Rahmen der verbrauchsgesteuerten Bedarfs- ermittlung ebenfalls das Bestellrhythmusverfahren angewandt werden. Worin sehen Sie den entscheidenden Nachteil bei diesem Verfahren?

Info 1: Handbuch Beschaffung

BüroTec GmbH　　　Kapitel Materialdisposition

Verbrauchsgesteuerte Bedarfsermittlung

Bei der verbrauchsgesteuerten Bedarfsermittlung wird der künftige Bedarf auf Basis des in der Lagerdatei erfassten Lagerbestands erfasst. Der Vorteil liegt in dem relativ geringen Dispositionsaufwand. In der Praxis werden häufig Werkstoffe wie z.B. Schrauben, Muttern, Klebstoffe und Lacke verbrauchsgesteuert disponiert. Letztlich wird jedoch jedes Unternehmen aufgrund der betrieblichen Situation selbst entscheiden, welche Werkstoffe verbrauchsgesteuert oder plangesteuert disponiert werden.

```
                    ┌─────────────────────┐
                    │   Verfahren der     │
                    │  Bedarfsermittlung  │
                    └─────────────────────┘
              ┌───────────────┴───────────────┐
   ┌─────────────────────┐         ┌─────────────────────┐
   │    plangesteuerte    │         │  verbrauchsgesteuerte │
   │  Bedarfsermittlung   │         │   Bedarfsermittlung  │
   └─────────────────────┘         └─────────────────────┘
```

- Bedarf wird aus der Mengen-übersichtsstückliste abgeleitet

- Bestellpunktverfahren
- Bestellrhythmusverfahren

Im Rahmen der verbrauchsgesteuerten Disposition wird zwischen dem Bestellpunkt- und dem Bestellrhythmusverfahren unterschieden.

Das **Bestellpunktverfahren** ist eine Methode um festzustellen, zu welchem Zeitpunkt die zur Produktion benötigten Werkstoffe bestellt werden müssen. Beim Bestellpunktverfahren wird der Lagerbestand nach jeder Entnahme überprüft. Wird ein bestimmter Lagerbestand, Meldebestand genannt, erreicht, wird der Einkaufsabteilung mitgeteilt, dass wieder neue Werkstoffe bestellt werden müssen. Zur Absicherung gegen Lieferzeitüberschreitungen der Lieferanten oder auch Mehrverbrauch wird für jeden Werkstoff ein Mindestbestand (Eiserner Bestand oder auch Sicherheitsbestand genannt) festgelegt. Er soll unter normalen Bedingungen niemals angegriffen werden. Aus diesem Grund muss der Meldebestand so hoch sein, dass die neue Lieferung eintrifft, bevor der Mindestbestand angegriffen wird. Wie hoch der Mindestbestand anzusetzen ist, kann nur aufgrund von Erfahrungswerten entschieden werden.

Daraus ergibt sich folgende Berechnungsformel:

Meldebestand = (Tagesverbrauch · Lieferzeit) + Mindestbestand

Beim **Bestellrhythmusverfahren** werden die Werkstoffe zu festen Terminen (unabhängig vom aktuellen Bestand) aufgrund einer Bedarfsprognose bestellt. Der Kontrollaufwand ist bei diesem Verfahren wesentlich geringer als beim Bestellpunktverfahren. Das Bestellrhythmusverfahren führt zu überhöhten Lagerbeständen, wenn der Verbrauch hinter der Bedarfsprognose zurückbleibt. Ist der Verbrauch jedoch höher als erwartet, kann es zu Produktionsausfällen aufgrund fehlender Werkstoffe kommen.

Info 2: Entwicklung der Lagerbestände (tabellarisch und grafisch)

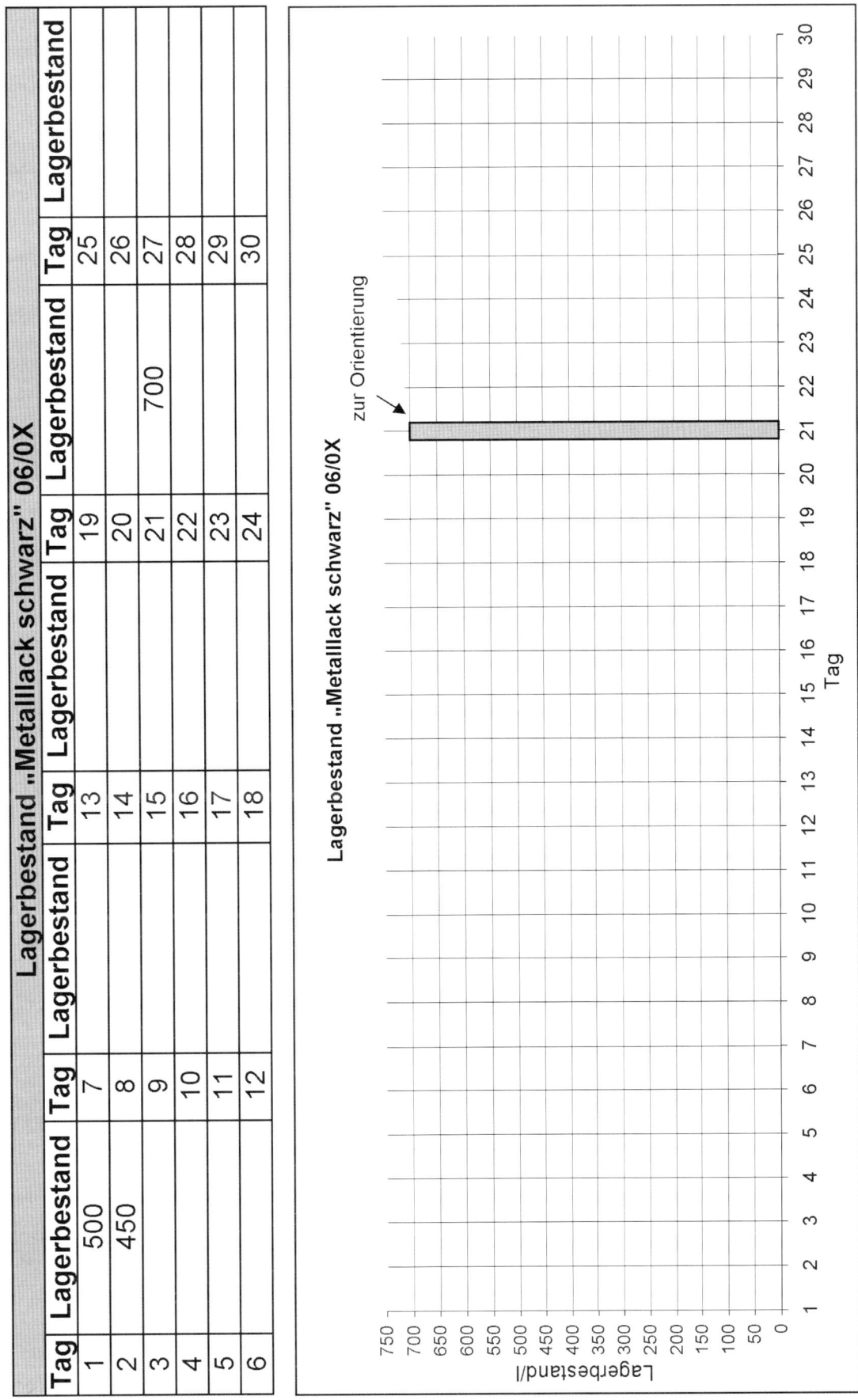

Lagerbestand „Metalllack schwarz" 06/0X

Tag	Lagerbestand	Tag	Lagerbestand	Tag	Lagerbestand	Tag	Lagerbestand	Tag	Lagerbestand
1	500	7		13		19		25	
2	450	8		14		20		26	
3		9		15		21	700	27	
4		10		16		22		28	
5		11		17		23		29	
6		12		18		24		30	

Lagerbestand „Metalllack schwarz" 06/0X

zur Orientierung

Info 3: Lückentext zum Bestellpunktverfahren

Die Lagerbestandskurve hat ihren tiefsten und höchsten Punkt an ein und demselben Tag, nämlich am _____termin. Bei dem unterstellten gleichmäßigen Verbrauch pro Tag ist der zeitliche Abstand zwischen den einzelnen Lieferterminen immer _____. Der Höchstbestand wird unmittelbar nach Eingang einer neuen _____, also am _____termin, erreicht und setzt sich aus zwei Komponenten zusammen, dem _____bestand und der _____menge. Die Gleichung für den Höchstbestand lautet wie folgt: _____. Der Meldebestand markiert den _____. Zwischen dem Bestellzeitpunkt und dem Liefertermin liegt die _____. Der Verbrauch während der Lieferzeit ergibt sich aus der Multiplikation der täglichen Verbrauchsmenge mit der _____. Der Meldebestand ergibt sich aus der Verbrauchsmenge während der _____ und dem _____, auch _____ bestand genannt.

Für den Meldebestand ergibt sich daher die folgende Berechnungsformel:
_____.

Der Mindestbestand ist der Bestand, der unter normalen Umständen _____ angegriffen werden sollte. Zwei Situationen sind denkbar, die zu einer Inanspruchnahme des Mindestbestands führen können: ungeplante Erhöhungen des täglichen _____ oder eine unvorhergesehene Verlängerung der _____. Die Ursache für Verbrauchssteigerungen kann in einer erhöhten _____ nach den Produkten des betreffenden Unternehmens liegen. Lieferungsverzögerungen können z.B. durch Ausfall der_____ oder durch unvorhergesehene Ereignisse wie z.B. _____ oder _____ verursacht werden. Ohne das Vorhandensein eines Mindestbestands käme es bei unvorhergesehenen Verbrauchs- oder Nachfragesteigerungen zu Versorgungsschwierigkeiten. Industrieunternehmen müssten die _____ einstellen und müssten mit _____ rechnen.

 Lernsituation (Teil A):

Generell ist die BüroTec GmbH erfolgreich auf dem Büromöbelmarkt tätig. Seit einiger Zeit hat man jedoch mit erheblichen Problemen zu kämpfen. Aus diesem Grund bittet Herr Schmidt, Geschäftsführer der BüroTec GmbH, seine Führungscrew zu einer Besprechung zu sich, an der Herr Bours aus der Marketing- abteilung, Herr Mischke, der kauf- männische Leiter, Herr Schirmer, der technische Leiter, und Herr Droste aus der Abteilung Materialwirtschaft teilnehmen.

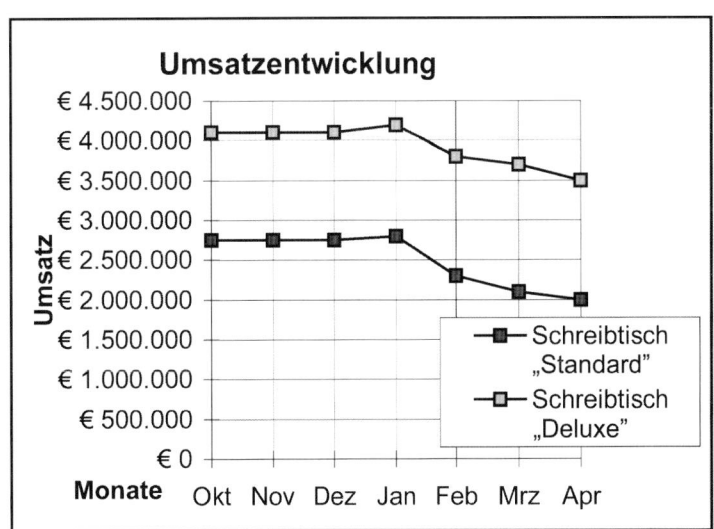

Herr Schmidt:	Guten Morgen, meine Damen und Herren. Schön, dass Sie vollzählig erschienen sind. Der Anlass unseres Treffens ist jedoch weniger erfreulich. Herr Mischke, bitte berichten Sie.
Herr Mischke:	*(nickt)* Wie Sie dem Schaubild entnehmen können, haben wir seit einigen Monaten erhebliche Umsatzeinbußen bei unseren ehemals sehr beliebten Schreibtischmodellen „Standard" und „Deluxe" zu verzeichnen.
Herr Bours:	Was uns zudem besonders bedenklich stimmen sollte, ist die Tatsache, dass die Umsatzentwicklung der gesamten Branche demgegenüber sehr stabil ist.
Herr Schirmer:	Dabei können wir hinsichtlich Preis, Qualität, Ergonomie und Design problemlos mit der Konkurrenz Schritt halten. Auch in puncto Service haben wir uns nichts vorzuwerfen.
Herr Droste:	Vielleicht haben sich die Anforderungen der Kunden an unsere Produkte in anderer Hinsicht verändert und wir haben die Zeichen der Zeit nicht recht- zeitig erkannt.
Herr Schmidt:	Ich denke auch, hier könnte das Problem verborgen sein. Wir sollten gründliche Nachforschungen anstellen. Wir müssen handeln, bevor es zu spät ist.

 Arbeitsaufträge:

1. Als Mitarbeiter der BüroTec GmbH stoßen Sie bei Ihren Nachforschungen auf folgenden Zeitschriftenartikel (Info 2), der möglicherweise Hinweise auf die Ursache des Problems beinhaltet. Notieren Sie ökologische Schwachstellen von Büromöbeln und formulieren Sie Lösungsansätze (Formular Info 1).

2. Diskutieren Sie die folgenden Standpunkte: Ökologieorientierung ist ein wichtiges Unter- nehmensziel und dient langfristig der Gewinnmaximierung vs. Ökologieorientierung ist notwendig, weil sie gesetzlich vorgeschrieben ist, und verteuert das Produkt.

Info 1: Formular zur Textbearbeitung

Ökologische Schwachstellen von Büromöbeln	Mögliche Lösungsansätze

Info 2: Zeitschriftenartikel

Sick Building – Dicke Luft im Büro
Das Büro gilt als besonders angenehmer und sauberer Arbeitsplatz. Doch ausgerechnet in modernen Verwaltungsgebäuden klagen immer mehr Beschäftigte über gesundheitliche Probleme.

Vor allem in modernen, künstlich belüfteten oder frisch renovierten Bürohäusern fühlen sich die Mitarbeiter häufig nicht wohl. Die einen klagen über dauernde Müdigkeit, Kopfschmerzen, entzündete oder zu trockene Augen, verstopfte Nasen, Halsentzündungen oder Hautausschlag. Die anderen quälen sich mit wässrig-juckenden Augen und Triefnase herum. Bis zu 60.000 Stunden ihres Lebens verbringen kaufmännische Angestellte und Beamte im Büro. Jeder zweite fühlt sich häufig schlapp und leistungsschwach. Denn noch immer existieren in den Büros Schreibtische aus kunststoffbeschichteten Spanplatten, die Formaldehyd ausdünsten. Hierbei handelt es sich um einen Konservierungsstoff, der schon in niedriger Konzentration Allergien auslösen kann und sogar im Verdacht steht, krebserregend zu sein. Im Arbeitsamt Düsseldorf stapeln sich abgenutzte Bürostühle und Schreibtische. Dem Einkaufsleiter des Arbeitsamtes standen bei dem Gedanken an die giftigen Substanzen, die bei der Verbrennung dieses Möbelmülls freigesetzt werden würden, die Haare zu Berge. Formaldehyd aus Spanplatten, FCKW aus Schaumstoffpolstern von Bürostühlen, Schwermetalle aus Kunststoffbeschichtungen und Lacken. Zudem quälte ihn der Gedanke, dass auch die nächste Generation von Büromöbeln die Gesundheit der Mitarbeiter beeinträchtigen und nach zehn bis fünfzehn Jahren erneut als riesiger Müllberg enden würde. Zusammen mit Umweltexperten entwickelte er einen Leitfaden zur „Umweltverträglichkeitsprüfung für Büromöbel": Welche Holzart wurde verwendet, wie hoch ist der Formaldehydgehalt der Spanplatten, welche Bauteile bestehen aus Kunststoff, welche Schwermetalle sind enthalten? Und vor allem wollte man wissen, wie das Recyclingkonzept der potenziellen Lieferanten aussieht. Mit diesem Leitfaden wurde beim Düsseldorfer Arbeitsamt eine Trendwende eingeleitet. „Die Firma Hammer hat uns in puncto Bürostühle am meisten überzeugt", so der Einkaufsleiter. Mehrere Jahre haben Techniker, Designer und Ökologen des Herstellers am Konzept für ökologisch durchdachte Bürostühle gearbeitet. Ein Design, das nicht kurzfristigen Modetrends unterworfen ist, sowie Langlebigkeit, Sitzkomfort und ein umweltbewusster Umgang mit Material und Energie wurden berücksichtigt. Alle Hersteller ökologischer Büromöbel haben Probleme mit den höheren Preisen. Doch langfristig gerechnet schont der Kauf von Massivholzmöbeln die Umwelt und den Geldbeutel. Konventionelle Büroeinrichtungen werden i.d.R. nach ca. fünfzehn Jahren komplett ersetzt. Seit 1996 ist das Kreislaufwirtschafts- und Abfallgesetz in Kraft. Darin ist festgelegt, dass Altmöbel nicht mehr als Sperrmüll entsorgt, sondern fachgerecht recycelt oder energiebringend verbrannt werden müssen. Das ist teuer, und zwar für den Verbraucher. Um eine derartige Verwertung zu erleichtern, sind z.B. eine möglichst geringe Anzahl von Einzelteilen und Werkstoffen sowie leichte Zerlegbarkeit und die Vermeidung von Verbundwerkstoffen bedeutsam. Dennoch bleiben aus ökologischer Sicht viele Fragen offen. So ist beispielsweise Aluminium ein Werkstoff, der unter hohem Energieaufwand hergestellt und oft für Büromöbel verwendet wird. Auch Lacke sind oft wenig umweltfreundlich, insbesondere dann, wenn sie Formaldehyd enthalten. Einige Einrichtungshäuser, die ein besonderes Augenmerk auf Ökologieorientierung richten, sind noch strenger. Sie beziehen ihre umweltgerechten Büromöbel nur von Herstellern, die nachwachsende Rohstoffe und schadstoffarme Materialien verwenden. Korpus und Fronten der Büromöbel müssen aus Massivholz sein und die Verarbeitung von Spanplatten wird generell abgelehnt. Büromöbel sollten möglichst flexibel kombinierbar sein. Solche Möbel hat beispielsweise die Firma Heko im Programm. Für einige ihrer Produkte vergab das Umweltbundesamt einen „Blauen Engel". Das Umweltzeichen können Büromöbelhersteller beantragen, die garantieren, dass das verwendete Holz oder Holzwerkstoffe wie Spanplatten nicht mehr als 0,05 ppm (parts per million) Formaldehyd abgeben. Seit einiger Zeit verkauft die skandinavische Firma Lindström in Deutschland Büromöbel. Der Hersteller erhielt bereits vor 10 Jahren den Umweltpreis der skandinavischen Möbelindustrie für sein Gesamtumweltkonzept. Zu den Öko-Kriterien der Lindström-Möbel gehören neben dem strikten Verbot von Tropenhölzern die Verwendung lösemittelfreier Wasserlacke, formaldehydfreier Leime und FCKW-freier Schaumstoffe für Bürostühle.

Info 3: ABC der Büromöbelwerkstoffe

Chrom und Aluminium: Die Herstellung von Chrom und Aluminium ist sehr energieaufwendig und daher wenig ressourcenschonend.

FCKW (= Fluorchlorkohlenwasserstoff): Er gehört zu der Gruppe der Chlorkohlenwasserstoffe, Hauptquelle der Zerstörung der Ozonschicht. Dient der Aufschäumung von Schaumstoffen. Wird in Deutschland kaum noch eingesetzt.

Kunststoffe: Kunststoffe werden u.a. aus Erdöl hergestellt. Da die Erdölvorräte in absehbarer Zeit aufgebraucht sein werden, ist die Verwendung von Kunststoffen wenig ressourcenschonend. Ein weiteres Problem besteht darin, dass das Recycling mit besonderen Schwierigkeiten verbunden ist. Die verschiedenen Kunststoffarten können nur dann recycelt werden, wenn sie vorher getrennt wurden. Da diese verschiedenen Kunststoffarten jedoch in der Vergangenheit nicht gekennzeichnet wurden, ist dies außerordentlich schwierig. Verwendet man heute Kunststoff, so sollten die verschiedenen Arten zumindest gekennzeichnet sein, damit das Sortieren erleichtert wird. Generell gilt: wenn schon Kunststoffe, dann so wenig verschiedene Arten wie möglich.

Lacke: Lacke erhöhen die Lebensdauer von Massivholzmöbeln, indem sie die Oberflächen dauerhaft vor Beschädigungen schützen (Kratzer, Wasserflecken etc.). Viele Lacke sind auf der Basis von Lösemitteln hergestellt. Derartige Lacke haben den Vorteil, dass sie nach dem Auftragen sehr schnell trocknen. Diese Lösemittel verdunsten jedoch nicht nur beim Auftragen des Lackes, sondern auch beim späteren Gebrauch der so behandelten Möbel und können dabei starke Reizungen der Augen oder Schleimhäute verursachen. Die umweltfreundlichere Alternative stellen Lacke dar, die auf Wasserbasis hergestellt werden. Das Trocknen dieser Lacke dauert zwar erheblich länger, dafür werden Gesundheitsgefährdungen und Umweltbelastungen bei der Entsorgung verringert.

Spanplatten: Spanplatten bestehen aus Holzspänen, die gepresst und verleimt werden. Leime werden häufig auf Formaldehydbasis hergestellt. Formaldehyd verbessert die Verarbeitungseigenschaften des Leims und ist zudem kostengünstig herzustellen (Formaldehyd wird auch zur Herstellung von Lacken und Kunststoffen verwendet). Allerdings kann Formaldehyd in höherer Konzentration Hautallergien und Reizungen von Augen und Schleimhäuten verursachen. Zudem steht es im Verdacht, Krebs zu erzeugen. Deshalb hat das Bundesgesundheitsamt einen Grenzwert für Formaldehyd in Innenräumen von 0,1 ppm (parts per million) empfohlen. Büromöbelhersteller können diesen Risiken entgehen, indem sie auf Spanplatten verzichten oder Spanplatten der Gütenorm E1 verwenden. E1-Spanplatten dünsten weniger als 0,1 ppm Formaldehyd aus. Aus optischen Gründen und um Spanplatten vor Beschädigungen zu schützen, werden Spanplatten oft mit Kunststoffen beschichtet. Dies ist aus ökologischer Sicht ebenso bedenklich (vgl. Verbundwerkstoffe). Statt Kunststoffbeschichtungen zu verwenden, besteht die Möglichkeit, Spanplatten mit Holzfurnieren zu versehen.

Tropenholz: Die tropischen Regenwälder spielen für das Weltklima eine entscheidende Rolle. Ihre dichte Vegetation wirkt dem Treibhauseffekt entgegen. Durch Brandrodung und das Fällen von Bäumen werden in jeder Minute etwa 29 Hektar des tropischen Regenwaldes vernichtet. Viele Möbelhersteller verwenden aus optischen Gründen Hölzer aus den Tropenwäldern, wie z.B. Mahagoni-, Limba- oder Teakhölzer. Hier wird ein einzigartiges Ökosystem zerstört, das nicht regenerierbar ist. Als Alternative zu den Tropenhölzern können einheimische Hölzer oder Hölzer aus dem angrenzenden Ausland, wie z.B. Esche oder Buche, verwendet werden, da hier von einer geregelten Forstwirtschaft auszugehen ist. Das heißt, dass nach dem Fällen der Bäume wieder aufgeforstet wird, sodass ein dauerhafter Holzertrag gewährleistet ist.

Verbundwerkstoffe: Materialien, die aus verschiedenen anderen Materialien zusammengesetzt sind, wie z.B. kunststoffbeschichtete Spanplatten. Bei der Entsorgung können diese Materialien teilweise nur schwer, teilweise gar nicht voneinander getrennt werden.

📖 Lernsituation (Teil B):

Die durch den Zeitschriftenartikel hervorgerufene Vermutung, dass die Umsatzeinbußen der BüroTec GmbH auf ökologische Schwachstellen ihrer Schreibtische zurückzuführen sind, hat sich durch eine umfassende Kundenbefragung bestätigt. Aus diesem Grund ruft Herr Schmidt Herrn Droste zu sich, um die weitere Vorgehensweise festzulegen.

Herr Schmidt: Gott sei Dank haben wir die Ursache für den starken Umsatzrückgang herausgefunden. Wir müssen ökologisch bedenkliche Materialien so weit als irgend möglich vermeiden. Das heißt, wenn wir ökologische Schreibtische herstellen wollen, die den Wünschen unserer Kunden entsprechen, müssen wir bereits bei der Beschaffung auf ökologisch unbedenkliche Materialien achten. Herr Droste, als Leiter der Materialwirtschaft ist das Ihre Aufgabe.

Herr Droste: Richtig. Überprüfen wir doch zunächst einmal die von den Umsatzeinbußen betroffenen Schreibtische ganz genau auf ökologische Schwachstellen, um herauszufinden, welche Materialien wir in Zukunft ersetzen müssen.

Herr Schmidt: Ich habe schon mal die Produktbeschreibung unserer Schreibtische mitgebracht. Werfen wir doch mal einen Blick darauf.

✒ Arbeitsauftrag:

Ermitteln Sie im Rahmen einer Umweltverträglichkeitsprüfung die ökologischen Schwachstellen der beiden Schreibtische „Deluxe" und „Standard" und unterbreiten Sie konkrete Verbesserungsvorschläge.

Info 1: Handbuch Verkauf

BüroTec GmbH   Kapitel Produktbeschreibungen

Schreibtische

Schreibtisch „Deluxe":

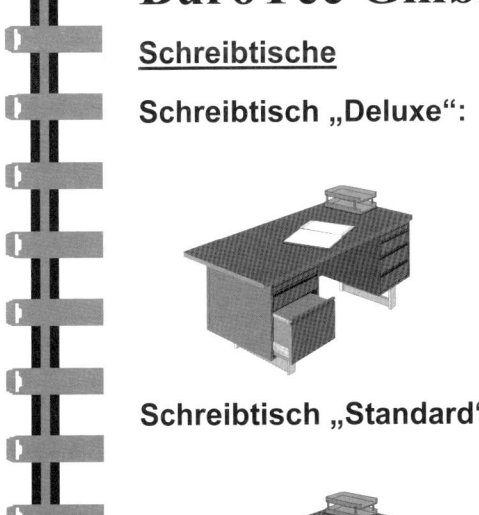

Arbeitsplatte:
- hochwertiges Mahagoniholz, lackiert (lösemittelhaltig)

Gestell:
- verchromter Stahlrahmen

Container:
- Unterschrank aus Mahagoniholz (lackiert wie Arbeitsplatte)

Schreibtisch „Standard":

Arbeitsplatte:
- kunststoffbeschichtete Spanplatte

Gestell:
- kunststoffummantelter Stahlrahmen

Container:
- Unterschrank aus kunststoffbeschichteten Spanplatten mit Kunststoffgriffen

Info 2: Formular Umweltverträglichkeitsprüfung

Umweltverträglichkeitsprüfung

Schreibtische

Modelle	Bestandteile	IST-Zustand	Soll-Zustand (Verbesserungsvorschläge)
Deluxe	Arbeitsplatte	- hochwertiges Mahagoniholz - lackiert (lösemittelhaltig)	
	Gestell	- verchromter Stahlrahmen	
	Container	- Unterschrank aus Mahagoniholz (lackiert wie Arbeitsplatte)	
Standard	Arbeitsplatte	- kunststoffbeschichtete Spanplatte	
	Gestell	- kunststoffummantelter Stahlrahmen	
	Container	- Unterschrank aus kunststoffbeschichteten Spanplatten mit Kunststoffgriffen	

📖 **Lernsituation (Teil C):**

Nachdem Herr Droste und seine Mitarbeiter die ökologischen Schwachstellen der Schreibtische „Standard" und „Deluxe" herausgearbeitet und Verbesserungsvorschläge unterbreitet haben, findet folgendes Gespräch statt.

Herr Schmidt: Meine Damen und Herren, das sieht leider alles schlimmer aus, als ich dachte. Hier müssen wirklich drastische Maßnahmen ergriffen werden.

Herr Mischke: Sie haben Recht, die Materialien unserer Schreibtische sind wirklich alles andere als ökologisch. Herr Droste, wir verlassen uns darauf, dass Sie diese Materialien ersetzen.

Herr Droste: Das ist mir auch klar, aber so einfach wie Sie sich das vorstellen, ist das leider nicht. Erst neulich habe ich im Handelsblatt einen Artikel gelesen, in dem es um umweltfreundliche Lacke ging. Leider ist nicht alles Gold, was glänzt. Das heißt, nicht jeder Lack, der auf Wasserbasis hergestellt wurde, ist automatisch als ökologisch unbedenklich zu bezeichnen. Selbst da gibt es große Unterschiede. Wie kann ich also sichergehen, dass ich den Lack einkaufe, der am wenigsten bedenklich ist?

Herr Bours: Moment mal, da gibt es doch den „Blauen Umweltengel". Vielleicht kann uns dieses Umweltzeichen beim Einkauf umweltfreundlicher Materialien behilflich sein.

Herr Droste: Eine gute Idee. Ich werde gleich meine Mitarbeiter beauftragen, Informationen über den „Blauen Umweltengel" zusammenzustellen.

Herr Schirmer: Wenn wir hier die ganze Zeit von umweltfreundlicheren Materialien sprechen, dann meinen wir doch sicher das Endprodukt. Um ökologisch glaubwürdig zu sein, müssen wir doch auch sicherstellen, dass beispielsweise ein Lack, der als umweltfreundlich gilt, auch umweltfreundlich produziert worden ist. Wie können wir das wiederum in Erfahrung bringen?

Herr Droste: Über den Herstellungsprozess eines Unternehmens kann doch wiederum das „Öko-Audit" Auskunft geben.

Herr Schmidt: Gut, Herr Droste, dann holen Sie doch zusätzlich auch Informationen über das „Öko-Audit" ein und präsentieren Sie uns beim nächsten Meeting Ihre Ergebnisse.

 Arbeitsaufträge:

1. Erstellen Sie als Mitarbeiter der Abteilung Einkauf eine Übersicht

  1.1 zum Thema **„Blauer Engel"** in Form einer Mind-Map,
  1.2 über den **Ablauf eines Öko-Audits** (Ablaufplan Info 3).

  Nutzen Sie hierzu die zur Verfügung stehenden Zeitschriftenartikel.

2. Nennen Sie weitere Orientierungshilfen für umweltfreundliche Produkte, die Sie aus Ihrem Alltag kennen.

Info 1: Zeitschriftenartikel

Vom Himmel hoch

Wie der Blaue Engel auf die Verpackung kommt

Erste Überlegungen gehen bis ins Jahr 1977 zurück, seit diesem Zeitpunkt wurden vom Bundesinnenministerium und den für Umweltschutz zuständigen Länderministerien Richtlinien zur Einführung des deutschen Umweltzeichens Blauer Engel verabschiedet. Als optisches Sinnbild wurde für das Umweltzeichen der Blaue Engel, das Umweltzeichen der Vereinten Nationen, ausgewählt, ergänzt um die Aussage „Umweltzeichen, weil...", die Auskunft darüber gibt, welche zentrale Anforderung der Vergabe zugrunde liegt. Bei der Vergabe des Umweltzeichens stellt sich zunächst die Frage, ob für das zu prüfende Produkt bzw. die zu prüfende Dienstleistung bereits Vergabekriterien für den Blauen Engel existieren oder nicht. Existieren Vergabekriterien, so stellt der Hersteller, der sich um den Blauen Engel bewirbt, bei der Vergabestelle RAL (Deutsches Institut für Gütesicherung und Kennzeichnung e.V.) einen Antrag auf Benutzung des Zeichens mit dem Nachweis der Einhaltung der Anforderungen. Das RAL prüft mit Unterstützung des Bundeslandes, wo der Hersteller seinen Sitz hat, und des Umweltbundesamtes die Einhaltung der bereits festgelegten Anforderungskriterien. Werden die Anforderungskriterien eingehalten, schließt das RAL einen zeitlich begrenzten Nutzungsvertrag mit dem Anbieter. Dieser ermöglicht dem Anbieter, mit dem Zeichen für sein Produkt zu werben. Existieren hingegen keine Blauer-Engel-Vergabekriterien für das Produkt, gilt folgendes Verfahren: Zunächst kann jedermann dem Umweltbundesamt Produkte oder auch Dienstleistungen vorschlagen, für die Anforderungskriterien festgelegt werden sollen. Pro Jahr werden dem Umweltbundesamt etwa 150 bis 200 Neuvorschläge vorgelegt, jedoch gehen etwa 90 Prozent der Vorschläge auf Anregungen der Hersteller umweltfreundlicher Produkte zurück. Das Umweltbundesamt leitet die Vorschläge weiter an die Jury Umweltzeichen, wo dann zweimal jährlich aus allen Vorschlägen besonders geeignete Produkte ausgesucht und einer näheren Untersuchung unterzogen werden. Die Jury Umweltzeichen besteht aus elf Mitgliedern, die vom Bundesumweltminister für drei Jahre berufen werden. Die Jury Umweltzeichen ist organisatorisch dem Umweltbundesamt angegliedert. Ist ein Produkt ausgewählt, erstellt das Umweltbundesamt einen Entwurf für die jeweiligen Vergabebedingungen, in dem die technischen Anforderungen an die Umwelteigenschaften des Produkts enthalten sind. Außerdem enthalten: Regelungen, wie die Einhaltung dieser Anfoderungen nachzuweisen ist, und wenn erforderlich, einige Anforderungen an die Gebrauchstauglichkeit und Sicherheit des Produkts.

Das RAL organisiert sodann eine Expertenanhörung zur Vorbereitung der endgültigen Entscheidung durch die Jury Umweltzeichen. An dieser Expertenrunde sind das RAL (Vorsitz), das Umweltbundesamt, die anbietende Wirtschaft (BDI), Verbraucherverbände, Umweltverbände u.a. beteiligt. Zuletzt wird die Entscheidung durch das Umweltbundesamt über die Medien bekannt gegeben. Der Antragsteller, der sich um ein Nutzungsrecht des Umweltzeichens bewirbt, zahlt zunächst eine einmalige Bearbeitungsgebühr in Höhe von 153,39 €. Für die Laufzeit des Nutzungsrechts wird ein jährlicher Betrag festgesetzt, der sich nach dem Jahresumsatz des Produkts richtet. Bei einem Jahresumsatz von ca. 250.000,00 € bis 1.000.000,00 € beträgt der Jahresbeitrag 357,90 € zzgl. Umsatzsteuer. Das Umweltzeichen hat inzwischen einen relativ hohen Bekanntheitsgrad. Von den Umwelt- und Verbraucherorganisationen wird eine Weiterentwicklung des Umweltzeichens vorgeschlagen. So müssten nach Meinung der Arbeitsgemeinschaft der Verbraucher „die zu kennzeichnenden Produkte ganzheitlich im Sinne von Ökobilanzen beurteilt werden. Einzubeziehen sind die Umwelt- und Gesundheitswirkung in der Produktion, im Ge- und Verbrauch sowie in der Entsorgung".

Info 2: Zeitschriftenartikel

Umweltschutz bestimmt mehr und mehr unser modernes Leben

Immer mehr Verbraucher sehen die Frage der Umweltverträglichkeit von Produkten und den Umgang von Unternehmen mit unseren natürlichen Ressourcen kritisch und verantwortungsbewusst. Langfristig können deshalb nur die Betriebe erfolgreich sein, die dem zunehmenden Umweltbewusstsein gerecht werden.

Aus oben genannten Gründen werden die Unternehmen mehr und mehr gezwungen sein, den Umweltschutz in alle Unternehmensbereiche zu integrieren. Die Europäische Union hat diesen Gedanken aufgegriffen und konkrete Schritte zur Einführung eines Umweltschutzsystems erarbeitet und schriftlich in den EG-Öko-Audit-Verordnungen EMAS I & II (**E**co-**M**anagement and **A**udit-**S**cheme) festgehalten. Teilnahmeberechtigt sind sämtliche Unternehmen. Die Teilnahme ist freiwillig. Das Öko-Audit (Audit = Überprüfung) zielt darauf ab, alle Abteilungen des Unternehmens (Entwicklung, Konstruktion, Beschaffung, Produktion, Vertrieb und Verwaltung) umweltorientiert zu gestalten. Die Aufgabe besteht darin, den Umweltschutz und die Umweltbedingungen im Unternehmen laufend zu kontrollieren und zu verbessern. Aus diesem Grund soll ein Öko-Audit mindestens alle drei Jahre durchgeführt werden. Gemäß EMAS beginnt das Öko-Audit mit einer ersten Umweltprüfung (in der Praxis hat sich der Begriff erste Umweltprüfung durchgesetzt, um sie sicherer von der späteren Umweltbetriebsprüfung zu unterscheiden). Im Rahmen dieser Prüfung werden alle Abteilungen des Unternehmens unter die Lupe genommen. Dabei zeigen sich die Schwachstellen des betrieblichen Umweltschutzes sowohl in technischer als auch in organisatorischer Hinsicht. Außerdem wird der Bedarf der Beschäftigten in Bildungsfragen ermittelt. Im zweiten Schritt ist die betriebliche Umweltpolitik festzulegen. Hiermit ist das uneingeschränkte Bekenntnis der Unternehmensleitung zum Umweltschutz in Form von Grundsätzen und Leitlinien gemeint. Im Anschluss daran soll sich das Management darüber Gedanken machen, wie die im Rahmen der ersten Umweltprüfung festgestellten Defizite beseitigt werden können, in welchem Zeitraum dies geschehen soll und welcher Aufwand hierzu betrieben werden soll. Dies wird schriftlich in einem sogenannten Umweltprogramm zusammengefasst. Im Folgenden soll das Unternehmen ein Umweltmanagementsystem schaffen, mit dem Organisationsstruktur, Zuständigkeiten, Verfahren, Verhaltensweisen, Maßnahmen und Weiterbildung in Bezug auf den betrieblichen Umweltschutz konkret festgelegt werden. So sind u.a. sämtliche Umweltschutzmaßnahmen nach Bereichen geordnet, in einem so genannten Umweltschutz-

handbuch festzuhalten. So soll beispielsweise im Abschnitt „Umweltschutz in der Beschaffung" beschrieben werden, wie die Beschaffung umweltverträglicher Materialien gewährleistet werden soll. Hier könnte u.a. festgelegt sein, welche Materialien aufgrund ihrer umweltschädlichen Auswirkungen nicht mehr verwendet werden dürfen oder dass bei der Vergabe von Aufträgen nur noch Lieferanten berücksichtigt werden, die einen Nachweis über die Einführung und Anwendung eines Umweltschutzsystems gemäß EMAS nachweisen können. Anschließend findet eine Umweltbetriebsprüfung statt. Die Umweltbetriebsprüfung (das eigentliche Öko-Audit) soll systematisch das Umweltmanagementsystem bewerten. Sie soll in regelmäßigen Abständen von ein bis drei Jahren am jeweiligen Standort durchgeführt werden. Nach Abschluss eines jeden Umweltbetriebsprüfungszyklus erstellt das Unternehmen eine für die Öffentlichkeit bestimmte Umwelterklärung, in der nicht nur über die Umweltschutzerfolge des Betriebes, sondern auch über Unzulänglichkeiten und Verbesserungsmöglichkeiten informiert wird. Im nächsten Schritt überprüft ein zugelassener unabhängiger Umweltgutachter, ob die Anforderungen der Öko-Audit-Verordnung erfüllt sind. Ist dies der Fall, erklärt der Umweltgutachter im letzten Schritt die Umwelterklärung und das Umweltmanagementsystem für gültig. Man spricht in diesem Zusammenhang auch von Validierung. Das Unternehmen kann nun bei der Industrie- und Handelskammer bzw. Handwerkskammer den Antrag stellen, in das Standortregister eingetragen zu werden. Die Unternehmen dürfen die erfolgreiche Teilnahme am Öko-Audit, ausgewiesen durch das EMAS-Logo, für Imagezwecke nutzen. So darf das Ökozeichen auf den Informationsmaterialien, Briefköpfen, Berichten und Broschüren des Unternehmens imagefördernd ver-

wendet werden. Es darf jedoch nicht für die Produktwerbung verwendet werden, da nicht die Produkte hinsichtlich ihrer Umweltverträglichkeit, sondern das Umweltmanagementsystem des Unternehmens überprüft wird.

Info 3: Ablauf eines Öko-Audits

Öko-Audit-Prozess

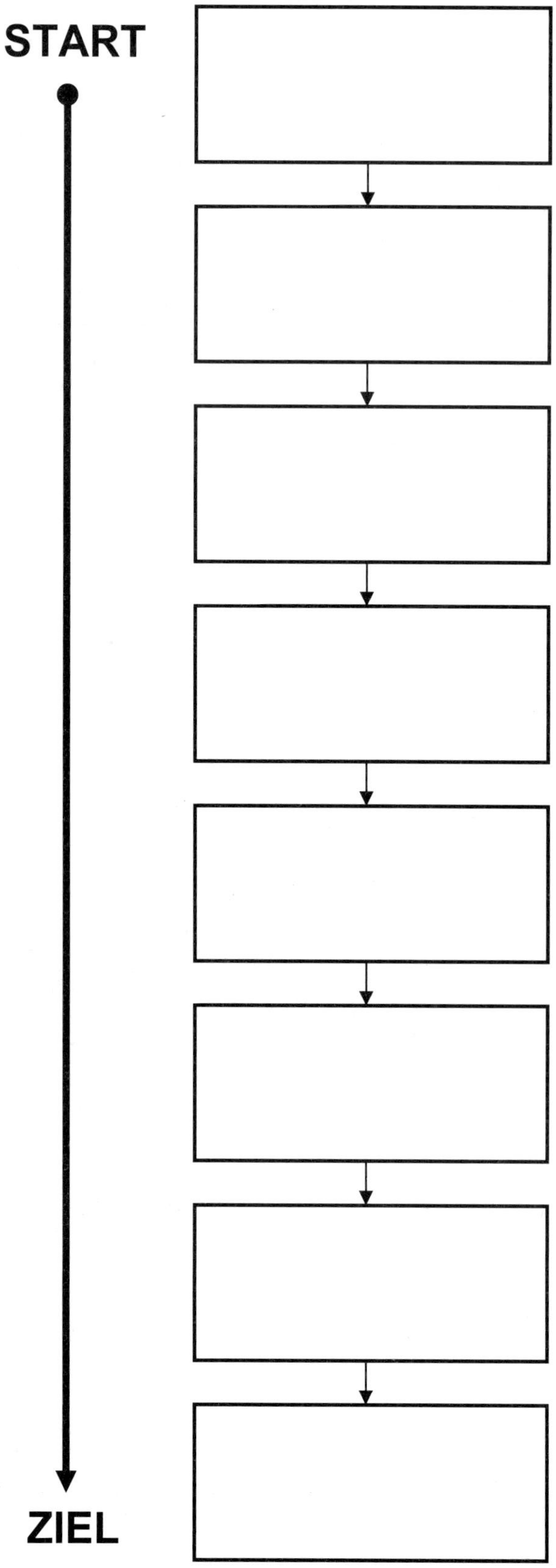

START

ZIEL

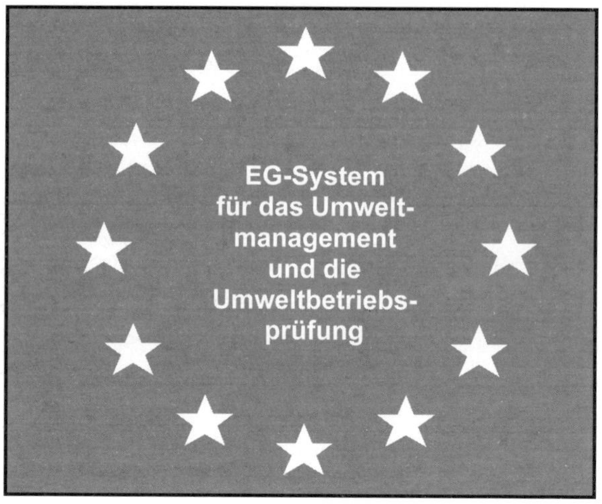

EG-System
für das Umwelt-
management
und die
Umweltbetriebs-
prüfung

Das Öko-Audit soll
mindestens
alle _____ Jahre
durchgeführt werden.

Die Teilnahme
der Unternehmen
am Öko-Audit
ist _____!

Die Teilnahme am
Öko-Audit kann
_____
verwendet werden!